33 IDÉES REÇUES
SUR LA
PRÉHISTOIRE

史前人类生活大辟谣

[法] 安托万·巴尔泽奥 —— 著
Antoine Balzeau

[法] 奥利维耶－马克·纳德尔 —— 绘
Olivier-Marc Nadel

朱炜 —— 译

 中国工信出版集团　 人民邮电出版社
POSTS & TELECOM PRESS

图书在版编目（CIP）数据

史前人类生活大辟谣 / (法) 安托万·巴尔泽奥著；
(法) 奥利维耶–马克·纳德尔绘；朱炜译. -- 北京：
人民邮电出版社，2020.5
（图灵新知）
ISBN 978-7-115-53411-8

Ⅰ. ①史… Ⅱ. ①安… ②奥… ③朱… Ⅲ. ①古人类
学 – 普及读物 Ⅳ. ①Q981-49

中国版本图书馆 CIP 数据核字 (2020) 第 023726 号

内 容 提 要

　　人从何而来，又何以为人？相信每个人都如此发问过。在地球广袤的土地上，有一段漫长的历史几乎无迹可寻，难以回溯，只留下了一些洞穴、化石和艺术作品供后人苦苦探索。史前时期的面貌如何，为一探究竟，考古学家前赴后继、乐此不疲，好在，考古新发现层出不穷。本书通过33篇幽默诙谐的故事和精彩的插图，围绕古人类学、不同古人类种类、古人类行为、史前环境和进化论5大主题，带领读者一览史前世界的科学真相，用生动的笔触破除大众对史前人类的各种误解。本书适合对史前史、考古学、人类学感兴趣的读者阅读。

◆ 著　　　　[法]安托万·巴尔泽奥
　　绘　　　　[法]奥利维耶–马克·纳德尔
　　译　　　　朱　炜
　　责任编辑　戴　童
　　责任印制　周昇亮
◆ 人民邮电出版社出版发行　　北京市丰台区成寿寺路11号
　　邮编　100164　电子邮件　315@ptpress.com.cn
　　网址　http://www.ptpress.com.cn
　　天津图文方嘉印刷有限公司印刷
◆ 开本：880×1230　1/24
　　印张：7.83
　　字数：166 千字　　　　　　　2020 年 5 月第 1 版
　　印数：1 – 3 500 册　　　　　2020 年 5 月天津第 1 次印刷
　　著作权合同登记号　图字：01-2018-5950 号

定价：79.00 元
读者服务热线：(010)51095183 转 600　印装质量热线：(010)81055316
反盗版热线：(010)81055315
广告经营许可证：京东工商广登字 20170147 号

版 权 声 明

献给我的女主角：

艾莉亚与艾丽斯，

无论学者、白兔还是谣言，

从此都再不能蒙蔽你们！

———— 安托万

致我心爱的小小勇士：

纳鲁、加杜与洛利，

你们既有批判精神，又充满童真。

———— 奥利维耶－马克

前言

亲爱的读者朋友，欢迎打开这本书。它将为你开启一场别出心裁、无与伦比的史前之旅，待到旅程结束，你绝不会空手而归。我必须"遗憾"地告诉你，你势必流连忘返，沉溺其中；更为糟糕的是，你还会意识到自己原有的某些认识大错特错！比如，史前时期并非什么野蛮年代，露西也不是我们的祖先，史前人类更不是多毛、粗鲁而自私的傻瓜；你还会发现，冰河时期的猛犸象和尼安德特人并不生活在广袤无垠的冰雪荒漠中，而我们现代人也绝不标志着进化链的顶端。

在本书中，你不会看到按照年份顺序逐条陈列的考古发现，也不会看到颅骨碎片或者石头的模糊照片，更没有任何错谬的解读被奉为真理。本书共有 33 章，每章都围绕着一个错误观点加以剖析。在大众的脑海中，这些观点似乎理所当然，甚至构成了我们以往的"常识"，但其实，那都是些先入为主的成见。

究其原因，我们看待史前人类的视角总是基于课堂所学、电视或电影荧屏上的纪录片，或是建立在科学家们的言论基础之上。然而，对史前史的研究成果不断累积，研究进程不断推进，有时候，新成果甚至会推翻既有结论。然而，借由媒体向大众普及新知识的速度却望尘莫及。

在这里，我们将向你道出这 33 个观点的错谬之处。明明无须多言便可勾勒出史前时代的大致样貌，而且既丰富有趣，又绝不晦涩难懂，为什么还要止步于这些片面、错误的老生常谈呢？打倒陈词滥调！

或许不同于以往的阅读体验，这本书足以让你放飞想象，在史前世界"天马行空"；美妙的插图则有助于加深印象。接下来，我们将拿起手中的笔（或者键盘）破译史前时代的秘密，还原其更为公允的形象。读完本书，你不难发现自己已经对史前史（几乎）无所不知了。你将成为这个领域的"万事通"，同时还将学会如何摒弃成见！

安托万·巴尔泽奥

奥利维耶-马克·纳德尔

目录

人类学家，
世界上最美妙的工作！

也许除了消防员和警察之外，这个工作最符合孩子们的冒险梦想，少男少女们心生遐想——去旅游、去发现、去调查，那里没有琐碎平庸的日常，只有激动人心的想象。毕竟，有谁不想成为小亨利·沃顿·琼斯（没错，就是那位大名鼎鼎的印第安纳·琼斯）、劳拉·克劳馥、悉尼·福克斯或坦普瑞·布雷恩娜那样的人物呢？① 我们总是被他们的故事吸引，信誓旦旦地说："我也要那样！"当然，那样的工作在现实中并不存在，但若真有人能将

---

① 印第安纳·琼斯是《夺宝奇兵》系列电影的主角，头戴牛仔帽、腰挂长鞭是这位考古学教授的典型形象。劳拉·克劳馥是动作冒险游戏《古墓丽影》及同名电影、漫画、小说的主角，身兼考古学家与探险家双重身份。悉尼·福克斯是电视剧《古物寻踪》的主角，他是一位考古学家。坦普瑞·布雷恩娜是美国电视剧《识骨寻踪》的女主角，她是一位法医人类学家，能够根据受害者的尸骨分析出常人难以发现的线索。——译者注

所有冒险想象集于一身，那他无疑会是一位人类学家。

人类学家或精通考古学，或擅长法医鉴定。无论如何，他们总有较常人更为强壮的体魄、四季如一的古铜色皮肤、敏捷的思维和锐利的目光。

有的人类学家会探访地球的每一个角落，发掘埋藏千年的宝藏；或寻找那些关键的化石，补全"缺失环节"，还原生物进化的全貌。他们勇敢无畏，即使面对一整支军队也从不退却。他们不仅要驯服凶猛的野兽，还要驾着飞机，驶着小船，潜入深海，挑战极峰。他们能流利地使用多种语言，甚至是那些已经消亡、只存在于传说中的语言。他们拯救孤儿，照顾寡妇，对美丽的女助手也照拂有加。人类学家，就是冒险的代言人！

另一些人类学家则能一眼看破诡谲的案情，单凭一小块骨头甚至趾骨的碎片，他们就能认出受害人，识别凶手，确定案发现场和作案工具。他们的实验室宽敞明亮，四周都是落地玻璃窗，阳光照射进来，窗明几净，视野极佳。精密的仪器轻微地嗡嗡作响。在这里，他们只需分析现场残留的蛛丝马迹，就能立刻得到确凿不移的结果。对他们来说，答案总是唾手可得。人类学家，也是高科技的代言人！

亲爱的插画师，请为我画一幅画吧！毋庸赘述——我的生活就介于印第安纳·琼斯和《犯罪现场调查》[①]之间：依靠无限的方法与近乎无穷的知识，我奔波于世界各地，完成自己作为古人类学家的使命。这工作，刺激极了！

---

① 于 2000 年开始播放的美国刑事系列电视剧，描述了一组刑事鉴识科学家的故事。——译者注

人类学家是世界上最美妙的职业，至少我深信不疑。确切地说，我是一名古人类学家，与古人类化石打交道——好吧，这确实与大家的想象有点差别，但这是我从小便有的梦想，尽管实现起来还真不容易。要想成为一名研究者，你首先得获得高等教育阶段的最高学历——博士，这就意味着，在高中毕业之后你还得读上整整八年书。博士名额稀少，尽管申请者寥寥无几，这却依然不是件容易事儿。比如在法国，硕士阶段学习人类学和史前学的学生有一百多人，他们每年都得写上三四篇论文。除此之外，还得掌握生物学、进化学、解剖学或统计学知识，英语和信息技术也必不可少。就算博士文凭到手，你仍需努力争取机会，去海外做几个项目，然后加入求职大军，和数以百计的竞争者争夺两三个职位。当初，在我宣布要当人类学家之后，我的父亲就说："你还不如去唱歌呢！"幸运的是，若有充分的热情、毅力和不坏的运气，成为古人类学家并非不可能——我就成功了！

得到工作机会是个了不起的成就，但征程也才刚刚开始。人类学家的日常与电影、书籍和电视剧中塑造的形象并不相同。在实际工作中，珍稀物件不会放在寺庙的正中央，等着我们去拿；我们也根本不可能拿了就走，因为一切早已坍塌，我们得在废墟中慢慢寻找！考古研究是一项旷日持久的工作，它需要事前准备，对细致程度也有要求。在田野工作开始之前，得先经过历时数月乃至数年的仔细规划，我们还要使出浑身解数证明研究的意义所在，才能获得挖掘许可。接下来，考古团队在现场安营扎寨，逐步清理出土物件，并尽可能采集它们的信息——既要记录每一个物件的空间坐标，也要为它们拍照，即使是看起来最微不足道的物品也不能遗漏。要想了解此地封藏千年的故事，我们什么都不能破坏，得让一切保持原样。在执行任务时，我们也不会和武装部队对着干。研究工作受限于地缘政治，如果一些国家化石稀少（比如厄立特里亚），就不会对科学家开放。至于驯养野兽、开飞机、航海、潜水或登山，就纯属个人爱好了。那些充满异域风情的危险消遣并不是这个行业的职业要求！事实上，和荧幕上描绘的动人心魄的情景相反，我在工作中可从来没经历过什么寻找"水晶头盖骨"的冒险。此外，我也不认为鞭子会在我的日常生活中派上任何用场。为了重现出土物品的原貌，我常常得拿着刀和刷子，在现场一躺就是几个小时。所以，反倒是帽子特别管用。

我们的实验室和美国电视剧中的实验室并不相同。在法国，大学和博物馆的选址常常能反映出当地的"昔日荣光"——换个直白点的说法，就是它们又破又烂，即使我们有现代仪器，那儿也使用不了。墙壁斑驳脱落，没有空调，取而代之的是夏天的嘈杂电扇和冬天的电取暖器，坏掉的仪器乱七八糟堆成一团——这就是那些地方的普遍面貌。仪器一旦发生故障，修理起来也不是件容易事：寻找预算，起草合约，走行政流程……每一步都需要时间，所以仪器可能一罢工就长达数月。我们的研究实验室大体如此。无论如何，像美国电视剧那样，在一集 42 分钟的剧情内解决谜题，对我们来说绝无可能。分析至少得持续数日，而且由于仪器时不时掉链子，实际用时还要远甚于此。除此之外还有另一问题：在进行一些分析时，我们得从化石中取样。这就意味着，我们可能将它损坏乃至完全破坏，而最终得到的信息依然寥寥无几。从古人类遗传学到三维成像技术，我们凭借高科技进行了许多研究，但现实的科学事业远比虚构中的艰苦。不过，这也使取得成果的时刻更加美妙！

从外表看，人类学家分为两类：一类从事现场挖掘工作，他们通常皮肤黝黑，穿圆领背心；另一类在实验室里工作，他们往往皮肤白皙。至于思维敏捷和目光锐利，考虑到人类学家庞大的总人数，和其他群体一样，这是少数人拥有的稀有特质。钱也是个麻烦事，我们的研究资金十分微薄，研究者如今得先找到经费才能开始工作。他们得准备许多材料，但最后真能得到"金主"垂怜的还不及总数的十分之一，而且，浪费在填表格上的时间可不能促进科学发展。最后，就我的工作而言，我还面临着研究对象极度短缺的问题。许多化石在多年甚至几十年之前就已经出土了。其发现者或假定的继承者有权禁止别人研究这些化石。有时，他们也会要求交换化石，或者让研究者在发表的文章上加上他们的名字。对策之一是去寻找新的化石，但这是可遇而不可求的。大多数地方根本没有化石，即使有，也只是残缺不全的碎片。所幸，这样的状况在改善，今天的科学家——至少是年轻一代的科学家——更有职业道德，也更善于合作。化石是全人类的财产，不该有主人。我们的任务，则是重视、研究化石，使所有人都能更了解它远古起源的全貌。

回过头看，我作为古人类学家的曲折经历和儿时的梦想不是一个样子，日常工作也和电影中偶像们的大冒险完全不同。我永远不会找到不治之症的解药，也不可能发现取之不尽的能量之源。即便如此，我的工作依然独一无二——研究几千年前的化石，向众人解释它们的奥秘，为破解人类进化之谜尽自己的绵薄之力。还有什么比这更美好呢？

人是猴子变的?

据说，这群吵吵嚷嚷、蹦蹦跳跳、爱在树枝里钻来钻去的多毛生物就是我们的祖先。或许是你们的祖先吧，我可绝对不会认下这门亲戚！科学家说，我们都是猴子的后代，是不是有点难以置信？在进化的过程中，我们从赖以栖息的树上爬了下来……总之，按照这个故事的说法，傻乎乎的猴子留在了高高的树上，人类却站直了身子，迈开了步伐，看得高且行得远。这个老掉牙的版本早在150年前就出现了——都是达尔文和进化论的错。

在一些进化论的攻击者看来，这个理论完全站不住脚。他们提出了一些合情合理的问题：如果人类确实是猴子的后代，或者说，如果我们果真由这种动物进化而来，那为什么猴子今天还没消失呢？这不是很奇怪吗？除了从现状出发，他们还从化石中寻求质疑的依据。层出不穷的人类化石

不断追溯回越来越古老的时代，但有谁听说过黑猩猩或大猩猩的祖先？至于松鼠猴和狒狒的系谱，则更是闻所未闻。这就指向了一个令人费解的结论：别的灵长类动物都"纹丝不动"，单单人类迅速进化。这，可能吗？

这部"科幻小说"另一个说不通的地方在于"缺失环节"。这一名词表达得恰如其分，因为它们确实从未出现过。所谓的"亲缘关系"和"共同祖先"，似乎一目了然。然而，尽管研究众多，却没有线索能证明猴子与人类之间的"缺失环节"——它们理应散佚某处，为什么就是没有人找到呢？答案没准很简单：它们并不存在，我们与这些猴子也八竿子打不着！你可能会觉得我这么说太夸张了，你也许认为人类就是猴子的一种。但是，你可曾看到或者听到某种说法，能解释我刚才提出的这些问题？进化、"环节"，我们这不是活生生被当成了傻瓜吗？

这个观点可谓典型成见！来，让我们逐一分析，不要漏掉论证的任何一步——我希望最后得到的结论权威可信。我们先谈一谈几个公认的定义。作为一个物种类别，灵长目首先是动物，其次是脊椎动物，最后才是哺乳动物。被归入灵长目的生物形态各异，大小不一，但它们具有几个共同的特征：眼眶骨环完整，大脑高度发达，拇指能与其他指对握。和黑猩猩、大猩猩、松鼠猴或狒狒一样，我们人类也属于灵长目。而"猴子"一词本身并不是科学术语，早在我们将各种生物进行科学性分类，并创造出"灵长目"这个术语之前，它就已经存在了。它的指涉范围虽广，人类却不在其中。在动物学或古生物学领域，只有那些能区分不同群体的特征才真正算数。脊椎动物有脊椎骨，哺乳动物能哺乳，灵长类的拇指能与其他指对握——在所有特征中，这些才是能区分处于生物分类同一层级的群体的标准。由此，我们可以得到第一条结论：人类是一种灵长类动物。之所以说人类不是猴子，不是因为前面的论证错了，只是因为这个词本身就不具备科学意义。所以，无论是"猴子"一词，还是将它用作攻讦进化论的论据，在科学上都说不通。

不过，为了清楚起见，我们还是保留"猴子"这个说法，用它来指代所有人类之外的灵长类动物，也好充分显示人类不是猴子的后代。作为灵长类动物，人类不断进化，"猴子"也是如此。已知最早的人类出现在 700 万年前，灵长类动物的历史则要更为久远——5600 万年前，这之间的时间间隔可不短！所有今天属于灵长目的生物，包括人类、黑猩猩、大猩猩、松鼠猴和狒狒，都要追溯到同一个祖先，而它那时只有老鼠大小。我们对它几乎一无所知，但幸好，我们对它现存的灵长类后代熟悉得多。松鼠猴是一种阔鼻猴（也被称为"新世界猴"），它属于卷尾猴科，最早出现于 2000 多万年前。狒狒则是一种狭鼻猴（"旧世界猴"），属于猴科，有约 1900 万年的历史。狒狒分布于非洲大陆上三分之二的区域，现存阿拉伯狒狒、东非狒狒、豚尾狒狒、几内亚狒狒和草原狒狒 5 种。黑猩猩和大猩猩与我们同属人科。人科通常又称"人猿科"，涵盖了包括智人（Homo sapiens）在内的 7 个物种。它们都体型庞大，且没有尾巴。今天，地球上生存着 505 种灵长类动物，我们提到的只是其中一小部分。不妨想象一下，我们的基因树该有多少枝丫，而从灵长类出现至今，又该存在过多少物种。事实上，在进化的进程中，像智人一样从基因树上"旁逸斜出"的物种还有很多。我们发现了许多灵长类化石，也见证了许多群体的消亡。现存的所有生物都是进化的结果，它们未必更高级、更文明，也未必更完美。在这段漫长而又复杂的进化过程中，是偶然造就了一切。

过渡化石的缺失常被反对者们用作攻击进化论的论点之一。其实，这个逻辑并不成立。进化不是规律、恒定的，而很有可能成跳跃式进行，速度快到无法在地质学的时间尺度上反映出来。此外，化石的形成是个罕见事件，而这种"史前证据"留存下来并被人们发现的情况则更为偶然。因此，找到连续的化石记录无异于天方夜谭。大部分生物体自然消失了，即使有一些生物碰巧形成了化石，它们也得逃过千万年间大自然的摧残，才能最终呈现在科学家们面前。所以，对于过去到底有多少物种，我们只有一幅残缺的图景。

现在，让我们回到那著名的"缺失环节"上来。"两个群体有一个共同祖先"是一个有趣的理论，但它只在理论上成立，缺乏古生物学的实证。这首先是因为，从统计学角度而言，几乎没有找到这位"共同祖先"的可能性。想想现在的人类吧。遗传学告诉我们，某个 3000 年到 7000 年前的男人或女人是我们共同的祖先，每个人身上都有来自他（或她）的一点点基因。实际上，鉴于后来发生了那么多次杂交，我们已经无法回溯到时间的源头，找到那位所有人的"亲人"。这个道理有点复杂，不如设想一下，按照当时的情况，得需要怎样的偶然性，才能让他（或她）在去世时恰好被埋葬，而后又幸运地得以保存至今，并恰好被某位人类学家发现——要找到他（或她），就得完成这个涉及数千亿往生者的大工程！这个概率无异于彩票大奖从天而降。至于寻找人类和黑猩猩的共同祖先，其成功的可能性也与前者并无二致。无论如何，确认"缺失环节"都是不可能的，因为我们根本不知道是什么特征将这位"共同祖先"与其后代区别开。若是问一位古人类学家，谁是人猿泰山和他的黑猩猩伙伴契塔最后的共同祖先，他充其量这样回答：某个存在于一千多万年前的人科动物——一只大"猴子"，没有尾巴，和人类同属一科。由于科学的限制，科学家想回答这一问题实在是有心无力。古生物学中没有"缺失环节"。

想澄清"人类起源于猴子"的谣言，就要下功夫梳理灵长类的历史。如此解释的另一个好处就是，识破那些看似一目了然，实则愚弄大众的论证。为奇迹找理由，可不是科学的使命。

当人类"遇上"恐龙

史前的岁月出奇漫长，考古发现层出不穷。得益于此，研究者将人类诞生的时间又向前推了几百万年。那么，史前人类会不会与其他史前明星，比如恐龙，打过照面呢？

当然，很多人都在动画片里看过原始人大战巨蜥的场面，但那并不意味着这件事曾真的发生过。你或许要说："那不过是漫画。"不过，该如何确定真伪呢？比如，科学家们怎样证实恐龙已尽数消失？说不定有的恐龙就活下来了呢。尼斯湖"水怪"或许并不存在，但谁能证明？毕竟，那么多人都声称自己看到了些什么，这个故事又口口相传了那么久，说不定就是因为其中确有零星半点的真实内容？

科学家有一个缺点：对于违背了既有理论的事物，他们充耳不闻、视

谣言！

而不见，更别提思量考虑，仿佛只有他们的理论才是世间唯一的真理！创世论者也相信人类曾与恐龙相遇。他们认为，所有生物一直共生于世，所以在博物馆里，史前人类与恐龙才被陈列在一起。如果他们说得对，那么进化论是不是就有点站不住脚了？这个故事中还有些让人困惑的地方。数百万乃至数十亿年何其漫长，有些动物早在远古时代就已出现，如今依然存在，这是怎么回事？为什么腔棘鱼、蟑螂和鲨鱼没被赋予进化的权利？更何况——让我们回归初始问题——如果这些跨越了亘古岁月的动物曾遇到恐龙，凭什么人类就没有这份"荣幸"呢？

恐龙，名副其实的史前明星，我知道很多读者都对它们感兴趣。不过，在开始讨论恐龙之前，我们得先严肃起来，因为破除既有成见并不容易。存在至今的腔棘鱼、蟑螂和鲨鱼遇到过恐龙，这就意味着人类也曾与恐龙相遇吗？我们又怎能知道，创世论者的观点是否足够可信，甚至能推翻进化论？

让我们从一个事实出发：科学理论并非绝对正确，但它是可以被证伪的。更重要的是，就算论证者言之凿凿、满怀期待，其真伪也不会发生丝毫改变。理论不是想法，也无关意愿，仅靠思考和相信并不足以确立理论，还需要最有逻辑、最坚实的阐释——它们以事实、经验及数据为基础，能够赋予研究者观察并分析的现象以意义。因此，进化论和创世论的概念既不能互相比较，也无法相提并论。因为，前者实际上是科学证明的结果，经历了分析具体事物、逻辑性演绎的严格过程；后者则是一种信仰、一个概念、一个猜测、一个信念。这两种方法同时存在，背景却截然不同。我将用下面这个例子稍作说明。

　　我的女儿艾丽斯相信圣诞老人的存在。光是这一点，就足以证明圣诞老人是个真实人物，至少，对于她和千千万万的其他孩子们来说如此。若在 12 月，她会告诉我，希望这位红衣老人能带给她一位尼安德特朋友，那我不得不打破她的幻想——尽管我也会很失望，因为见一见尼安德特人（而非圣诞老人）同样是我梦寐以求的事。因为，除非出现相反证据，尼安德特人早已消失，谁都没有让他们重现人间的技术（将来大概也不会有）——圣诞老人也一样。如果你跟上了我的思维和论证，那么你会发现圣诞老人对于艾丽斯而言确实是存在的。让我接着往下讲。对于很多人来说，"神"也是现实，以各种想象形式存在着。"创世"是一个美好的故事，但物种进化不是，它是一个科学理论。就目前来说，没有比进化论更好的理论，它既可用于解释今天观察到的全部自然现象，也符合所有出土化石显露的关于生命、其多样性及进化过程的奥秘。要想理解进化论与创世论的区别，这个前提至关重要。我们继续往下看。

　　在科学中，我们可以说可能有其他解释，但那没什么用处。公设不能与理论媲美，证明也通常难掩瑕疵。有时，有些人诡辩：即使一个假说完全不可能成立，但只要不能证明它是错的，就必须将它纳入考虑范围。按照这个说法，我大可以声称地球上的生命都是由小绿人创造的，或者木星人才是导致尼安德特人灭绝的罪魁祸首，反正没有人能用科学数据证明这些陈述是错误的。若遵从这种思维方式，我们大可以说，其实恐龙今天仍生活在苏格兰的湖泊里，人类早在白垩纪就出现了，因为没有反证；而其他所有假说及理论都是错误的，因为没人能证伪它们对应的伪理论。然而，这不是正确的推理方式。无论创世论者如何重申自己的意见，创世论都不可能与进化论同日而语。

　　言归正传，还是说回恐龙。我们不妨先考虑以下这几个事实。众所周知，恐龙存活至约 6500 万年前，那之后便再无踪迹。一场由数种大型自然现象（陨石、火山、遮天蔽日的浓厚云层……）引发的巨大危机，导致了许多物种灭绝，恐龙正是其中之一，鹦鹉鱼、有孔虫门生物及多种植物也共同遭此厄运。而按照通常的定义，人类直到数百万年前才姗姗来迟。最古老的人属成员存在不足 300 万年，第一个用双足行走的人类成员也只有堪堪 700 万年历史。自古生物学创立以来，鉴于人们已网罗了数量庞大的信息资料，若有一天突然冒出一具恐龙化石，不仅不到 6500 万岁，甚至还挺过了那著名的白垩纪－第三纪灭绝事件，这样的可能性微乎其微。与之相反，人类存在的时间倒是极有可能还得向前推——最古老的人类肯定还没有露面。因此，我们将来一定会发现比目前已知最早的化石还要早数十万年的化石，但早数千万年就不可能了。所以答案是：没有，人类没遇到过恐龙。

不过，确切地说，恐龙并没有完全消失——这有点像腔棘鱼、蟑螂和鲨鱼，它们虽然存在至今，但已不完全是昔日的模样。它们身上发生了一些变化，物种消失了一批，新的一批又相继出现。尽管听起来有点难以置信，但蟑螂也是进化后的产物。恐龙也是同理，某群恐龙变成了全新的动物——鸟！大体而言，鸟类的直系祖先就藏在兽脚类恐龙之中，霸王龙和伶盗龙都是后者的一员。如此一来，鸽子的形象要摇身一变，叫人刮目相看了！

4

征服世界，走出非洲

人类最早在非洲大陆上出现，然后就开始四处迁徙，非洲之外那些无处不在的化石就是证明。我们知道，最先开始这一大动作的是直立人（Homo erectus）。这个与智人的拉丁文名字相似的物种，注定要征服全世界！实际上，直立人既"直"且"立"，这两个特征让他比前人走得更远、更久。此后，人类四散而开。从200万年前起，他们似乎身处《大战役》（Risk）游戏之中，开始出征整个世界。每个人种各占一隅，并在接下来的数十万年中在那里定居。这些"小分队"的分布如下：尼安德特人占据欧洲；直立人占据亚洲，但将一小块地方留给了"霍比特人"——弗洛勒斯人，他们因居住在弗洛勒斯岛而得名；丹尼索瓦人则从亚洲中部启程，去了我们未知的地方；最后，智人从起源地非洲分散至地球的每个角

落——这便是第二次迁徙潮，距今已有 10 万年。

人类第二次走出非洲时，列表中多了不少新目的地：美洲、今天的澳大利亚、太平洋上的小岛，乃至北极。智人所到之处，当地人种逐渐消失，被前者取而代之。若要追究原因，智人大概并不无辜。有说法认为，作为一个更高级的种族，我们扼杀甚至屠杀了其他人种。无论如何，就在智人胜利挺进的过程中，发生了基因融合，被我们继承的尼安德特人基因就是一例。那些基因被智人吸收，证明我们确实是这个生存小游戏中的赢家。另一个例证也能说明智人的主导地位：直到我们到来，地球才终于充满"人气"。接下来，智人分散在地球的每个角落，向现代人不断进化。这次成功的扩张与今天的人种多样性息息相关：非洲人最先出现，他们与我们的祖先十分相像；亚洲人随后登场，他们在欧洲人眼里都长一个样；最后是欧洲人，他们在亚洲人眼里也长得都差不多。

对我来说，箭头的使用是个大问题。你们一时半会儿还不能明白我的意思。我所说的，就是那些在地图上指示着史前人类迁徙路线的玩意儿——看见了吗？它们是带着尖端的线段或虚线，似乎代表单方向的移动，就像一张出征偏远地区的战略地图似的。在数学中，箭头还能表示因果关系，但人类的迁徙可不是这么回事！

不妨试想一下，某天早晨，这帮旧石器时代的朋友们醒来，思忖道："好，出发吧，直线距离 7000 千米，待我们到达目的地，得好好大战一场。"这当然不可能！要等到很久以后，人类历史中才第一次出现了"应许之地"的概念（至少有人知道目的地在哪里了）。因此，这类概念与我们此处所说的史前远征毫无关系。我们总将这些远征设想成近乎突发奇想、孤注一掷的行为。这样的视角过于简单化，却并非孤例。你知道"走出非洲"这个术语吗？它先是指大约 200 万年前，人类离开这片大陆的首次迁徙，后来又被用来描述 10 万多年前智人的迁徙。仿佛，这些故事的主人公每一次都抱着永不回头的信念，倾城而出——不，这也不是实情。让我们回到已知的一切，从数字、人种及其共存状况说起。

第一个用双足行走的人亚科成员出现在 700 万年前。又过了 500 多万年，人类才第一次走出非洲大陆。在此期间，12 个人种更迭兴替。这些数据说明，人类确实诞生于非洲。后来，他们的活动范围越来越大。格鲁吉亚德玛尼西出土的化石距今 180 万年，与爪哇岛上一个直立人颅顶骨存在的时间相仿。想听点劲爆的独家消息吗？我确信，第一个踏上欧亚大陆的人类成员还没有被找到，也永远不可能被找到。由于年代测定手段有限，加上化石稀缺，现有的考古发现还不足以准确还原事件发生的时间顺序。总而言之，那时，也就是在数万年或数十万年前，人类的足迹已经从东到西遍布整个亚洲。箭头是不存在的，出行的方向远不止一种，所有人都继续移动（或保持不动），有些人甚至回到了非洲。那时候没有国境线，人们也没有意识到自己在进行"跨洲旅行"——"洲"这个概念都还没出现呢！从广义上说，他们的行为并不是真正的"迁徙"，而是人类生活区域的逐渐扩张。以现在的眼光看，我们无法检验这种扩张，它们发生得太快，以至于超出了史前学家的观察能力。而他们"从这里跑到那里"的行为，说起来容易，解释起来可就难多了！

"首位大探险家"的名号，非直立人莫属。如何排列这个人种的化石，研究者们莫衷一是，因此关于其地理分布和存在时间也说法不一。不过，有一点倒是可以确定：在超过 150 万年的时间内，直立人造访过非洲、亚洲和欧洲的峡谷。这缔造了人亚科的一项长寿纪录。在这段漫长的岁月中，直立人与智人等数个人种并存于世。人类广泛分布在整个地球上，但他们之间并没有我们一直猜测的那种牢不可破的边界。至少，尼安德特人、智人、直立人和丹尼索瓦人的生活区是有所重叠的。他们往来密切，彼此之间的基因交换便是证明。因此，智人不是靠残酷镇压来征服旧大陆的。我们的智人祖先和其他人种于数万年间在同一片土地上比邻而居，还不时搞搞"男女关系"——最后这点看似有悖常理，却说明人类确实包含不同物种。我们将在后面继续讨论。

这场"史前大战役"的最后一幕，是智人走到了全球各地。整个过程波澜壮阔，绝不是一条静静流淌的长河。人类离开非洲的出口不止一个，在四处扩散的途中，他们也并非到了一个地方就不再迁移。下面是一组我们已知的数据：解剖学意义上最早的智人化石出土于摩洛哥杰贝尔伊罗，距今 30 万年；最古老的、具有全部智人特征的样本来自埃塞俄比亚的奥莫基比什和赫托布里，分别距今约 20 万年和 16 万年；另一具化石出土于以色列米斯利亚洞穴，距今约 18 万年；大约 10 万年前，东方的中国有了人迹；接下来，澳大利亚（6 万年前）、欧洲（4 万年前）和美洲（3 万年前）也相继有人类出现。然而，5 万年前，智人险些消失，基因数据也显示，那些非洲之外的远古人口和我们现在的基因库毫无关系。后来，新的危机时刻降临，新一波"走出非洲"的热潮也随之兴起。到了新石器时期，人类的生活方式发生了重大变化，迁徙的脚步却没有因此停止。说到底，我们每个人都是几千年来不断融合的结晶。因此，对史前人类而言，没有大洲，没有国界，更没有箭头。如果将一切比作一场游戏，那制胜法宝大概在于合作与发现，而非征服！

请报上你的性别和年龄

谁不知道南方古猿露西呢？在这位人类的远古女性祖先之前，还有乍得出土的图迈——人类的首位代表，我们最古老的男性祖先。他们是史前时期的象征，堪比亚当与夏娃。将时间拉近一些，有 12 岁的纳里奥科托姆男孩，他在所有非洲匠人（Homo ergaster）中个头最高；还有弗罗勒斯人，实际上其性别为女……不妨玩一玩这个"年龄性别猜猜猜"的游戏，它适用于每一种史前人类！你别不信，请看证据：在尼安德特人中，法国圣沙拜尔出土的那一位年岁已长，圣塞泽尔出土的皮埃蕾特是个妙龄女子，费拉西出土的那一对化石则均已成年；有的是孩子——比利时昂日斯出土的化石年方 4 岁，H18 号肯纳人（Quina）至少 7 岁，经专家准确鉴定，穆思捷出土的化石是个 15 岁半的少年。类似事例不胜枚举，因为古

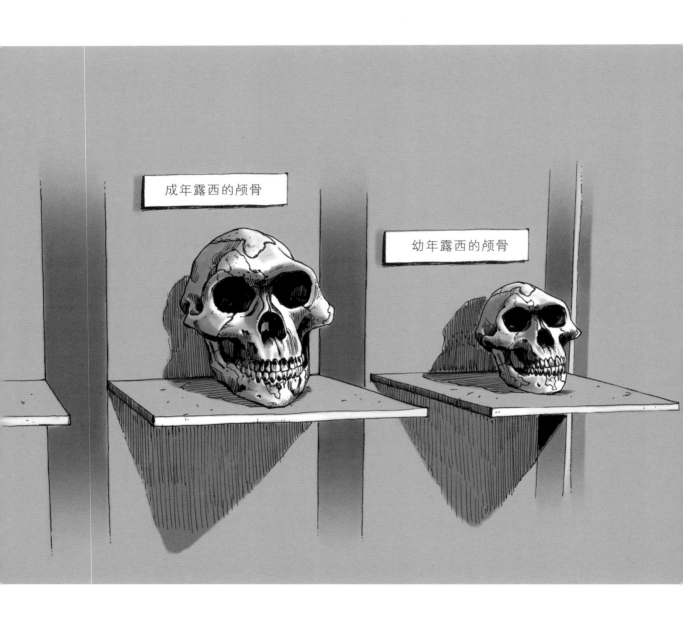

人类学家们实在太厉害了。每一次宣告发现新化石，都无异于一场讣告发布会："很荣幸向您宣布，我们发现了不愿意透露姓名的 X 先生，他是一位直立人，于 37 岁的前夕去世。"

今天，男性与女性之间有着显著的区别——我指的是解剖学差异，而不是头发长短、香水味道以及衣服颜色的不同！骨骼能够反映出身高、体型乃至功能的变化，分娩就是一个显著的例子。谁不知道，女性有着与男性截然不同的骨盆呢？想必这一点也适用于史前人类，他们男女分明，和我们一样。

这就意味着，他们生长发育的方式与我们相同。如此一来，健康手册中记录的生长曲线便能派上用场了。知晓了身高，大致年龄就显而易见了。另一个显示年岁的指征是脱落的牙齿——不，不是那些能服役一辈子的恒牙，而是乳牙。此外，最后一颗牙齿的萌生时间也能提供参照。一个智人或许没能与收集乳牙的小老鼠[①]碰面，但如果他拥有宽大的下颌，那么他肯定长出了第一颗臼齿，这对应着 7 岁——开始懂事的年纪；假如他还长了智齿，那他也一定过了 20 岁。

今天，我们有许多"看骨辨性别"的方法，通过形态学对比，就能判断个八九不离十。其中，骨盆对比法尤为有效，准确率高达 97% 以上。原因在于，女性的构造适应了一项男性

[①] "收集乳牙的小老鼠"就是欧美文化中的"牙仙"，对孩子们来说是类似于圣诞老人的人物。传说中，牙仙要收集乳牙做项链，因而当小孩的牙掉了，父母会让他们把牙带回家，晚上睡前放在枕头下。第二天，孩子会发现牙不见了，取而代之的是一些小礼物或者硬币。——译者注

从未具备的功能：分娩。她们的盆腔相对更宽，形态也发生了标志性改变。因而，单凭完整的智人骨盆细节，就几乎足以确定性别。其他部分的骨骼也能够用于鉴别性别，人类学家在这方面的尝试或多或少有了些成果。男性与女性的骨骼确实存在差异，但这种差异主要在于大小。以颅骨为例。两个世纪以来，研究者一直致力于通过颅骨的坚固性判断其主人的性别，乳突的大小、眉骨的轮廓、颧骨的高低和枕骨隆突的投影都是判断标准。若是人类学家走了大运，得到了一件理想样本，那他就会顺理成章地得出"男性颅骨更强壮、女性颅骨更纤弱"的结论。这个说法虽然大体没错，但并不总成立。如果你将老好人尤里克 [①] 的颅骨与澳大利亚原住民、非洲班图人、美洲印第安人、因纽特人以及世界各地其他人种的颅骨放在一起，怕是连哈姆雷特也无法分辨其性别。在缺乏人种信息的情况下，凭借单一颅骨判断性别的正确率只有 50% 左右。猜对的正确率为 1/2，这和抛硬币一个概率！

还有更糟的……你怎么知道这些标准也适用于史前人种呢？对于某些傍人（一种接近南方古猿的非洲古人亚科），男性个体酷似大猩猩，它们头顶高耸冠垫，走来走去，以显示自己雄伟的男性气概与明显的性别二态性。显然，那些最早用双足行走的雄性动物都很以自己的性别为傲，从外形上就要与雌性划清界限。这样的区别方法倒是挺方便的，至少对于研究那些阶段的古人类学家来说是如此。

现在，请将目光投向我们的近亲——尼安德特人。奇特的事情来了：这个领域的专家纷纷表示，无论仔细观察耳前平面、坐骨切迹，还是研究坐骨与耻骨的比例，都不能得出结论。在这几个方面，智人的性别区别明显，但现已找到的几具保存完好的尼安德特人骨盆却似乎没什么差别。那么，从何处入手才能一辨雌雄呢？一些人选择两两比较。无论是在费拉西还是在斯皮洞穴，出土的尼安德特人都非单个，而是一对。按照简化的原则，较大的化石是男性，较小的则是女性。这样的判断有可能成立，却并不确凿。比方说，在斯

---

① 尤里克是莎士比亚戏剧《哈姆雷特》中一位死去的弄臣，在第五场第一幕中，他的颅骨被掘墓人挖出，引发了哈姆雷特的回忆与对死亡的思考。——译者注

皮洞穴的那一对化石中，因更为强壮而被认定为男性的那一位，就只是一个身高不足 1.52 米的"矮人"，甚至还不如"费拉西二人组"中的女性。而后者若是于别处重见天日，大概就要被当成一个年轻的公子哥了。所以，具体问题还得具体分析。在与尼安德特人有关的发现中，最完整或特征最显著的骨骼化石确实能够提供合理的性别判断依据，但若只有孤零零的一根骨头、一块碎片，我们就不能对古人种的性别下严肃的定论，否则，又有什么科学性可言呢？

你可能要说，还可以依靠古人类遗传学呢！理论上，解密染色体并分辨出 X、Y 染色体确实是最简单的方法。不过，第一个陷阱来了：由于脱氧核糖核酸（以下简称 DNA）会随时间不断降解，因此人类历史上 95% 的化石都无法实现基因测序，现在能找到的顶多是些支离破碎的遗传物质片段。经过分析的尼安德特人化石有几十具，能确定性别的情况却屈指可数。缺失 Y 染色体并不意味着所有尼安德特人都是女性。那些构成基因密码的小段序列中的 DNA 往往降解程度过高，因而无法从中识别出 X 或 Y 染色体。

确定化石的年龄也面临着同一类问题。不妨看看健康手册中的生长曲线，你会看见一条平均线，上下各有两条轨迹，分别表示三分之二的个体水平与极端状况。生长曲线代表着 95% 的孩子的发育情况，人们可以根据年龄衡量身高、体重、头围甚至指长，反过来也成立。但是，在不同人群中，这些曲线是不同的。况且，没有任何证据能够表明，这一办法也适用于化石！事实上，它们终究只是近似值，有很大的误差范围。不过，倒是也有一个例外。在一项研究中，科学家利用同步辐射成像，计算了部分尼安德特儿童牙齿上每日沉积的釉质横纹数量。不可思议的事情发生了：横纹真的存在，还能在仪器中显现出来。这就说明，在测量一些化石的真实年龄时，可以将误差控制在几十天内；它还证明，尼安德特人的生长速度比智人更快。如果要为成年尼安德特人建立"居民档案"，现有方法都只能判断样本是老是少，而对于更多的信息就无能为力了。没有一位严谨的人类学家能把化石的岁数精确到年，就好比即使拥有"疯狂原始人"一家老小的颅骨，我也无法说出他们的确切年龄。

他们的模样

我们无法从照片或影片中一睹史前人类的真实模样。那时的画都无法被称为真正的画，而雕像又过于抽象，不能还原出当时的女性究竟四肢纤长还是体态浑圆。换言之，没有任何关于史前人类的现实主义表现。更为遗憾的是，我们也尚未发现任何被冰冻的史前人类，要是有人在旧石器时代陷入冬眠，我们就能亲眼看看他们长什么样了！无论是肤色、毛发、头发和眼睛这些外部特征，还是肌肉和四肢的形态及长度等身材特征，抑或蔽体的服装、各种配饰……史前人类学家一无所有，他们只能研究骸骨，这是唯一穿越了时间、留存至今的东西。然而，如何才能让我们的祖先变得有血有肉，让我们甚至能看一看他们的气色好不好呢？

和大多数情况一样，这个问题的答案也藏在常识之中。现代人的肤色

取决于其起源地域及光照状况，这一点肯定从古至今都一样。头发与眼睛的颜色也是同样的道理，今天，不同人种间差异明显，从前也是如此。至于体毛，那时候谁浑身长毛呢？按照逻辑，只有那些形似猴子、住在树上或者整日光着身子的，才需要那样一层"毛皮大衣"来自我保护，而真正的人类不需要毛发——事实上，这就有点矛盾了：要将胡须与头发修剪得当，是需要极高的智商的。体型则直接与环境相关：寒冷地区的人类身材矮壮，热带居民苗条纤长。在远古时期，南方古猿总在树上闲逛，外形自然与猴子相像。最后，别忘了革命性工具——古人类遗传学的诞生，它让我们更加了解远古人类的外貌！在尼安德特人身上，我们已经发现了与脊柱前突、过敏（或许是对猛犸象毛过敏，谁知道呢？）、高胆固醇、脱发、红棕发、臀部赘肉和大肚腩等现象相关的基因了！谢天谢地，我们再也不会在黑暗的小树林里撞见他们了……

常识固然重要，对于这一点我举双手赞同，在避免循环论证的陷阱或渐变论的陈词滥调（可它们竟流传得如此广泛！）时尤为如此。事实上，无论是对外表的研究还是基于古人类遗传学的伪解释，很多人都会觉得，把我们对过去的了解或想象照搬到现代人身上，是一个十分诱人且轻松无比的选择，反之亦然。然而，按照史前科学的惯例，过于简单、置旧石器时代背景于不顾的解释，大部分是错误的。认为原始人与现代人的所有特征都可以一一对应，也是一个危险的想法。我们不妨先行"剧透"这一章的结论——但请不要略过中间内容不读，因为即使知道结论，也无损你阅读的乐趣！对于史前人类的外貌，我们知道些什么？呃，不太多。至于原因，且听我一一道来。

我们之所以想象不出昔日人类的体型，主要是因为缺少完整的标本，更别提一整具冰冻的老祖宗的遗体了！这当然是所有古人类学家共同的梦想，只是，梦想极少照进科学的现实。不，要想还原一个比例精确、逼真的个体，这具骨架至少得足够完整。不妨请尼安德特朋友现身说法：我们确实找到了不少尼安德特人化石，有些样本的保存状况也着实不错，但它们不是这里缺一块，就是那里少一点，始终不能拼凑出最初的样貌。那些最常在媒体中露面的尼安德特人骨架，其实都是东拼西凑的产物，出土自圣沙拜尔、费拉西、以色列卡巴拉等地的多名男性（也有可能是女性）各自贡献了部分骨头。那些骨头被截断或延长、切割或者补全至统一比例。遥遥望去，实在不错；可走近一看，若说他们是纯正的尼安德特人，那弗兰肯斯坦 [1] 怕是也能被视为和人长得一模一样了。幸好，我们还有成像技术、统计学和信息技术，这些领域的发展让我们对尼安德特人的认识更进了一步。

我本人十分有幸地参加了一场科学探索，整个过程充满戏剧性，还被画成了连环画，发表在漫画杂志上。当时，在一群比利时研究人员的指导下，我们开始对尼安德特人进行有史以来第一次严谨的科学重建。一具不完整的骨架是一切的起点，它是斯皮洞穴出土的第二个尼安德特人标本。为了补全缺失的部分，我们用上了本属于其他化石的骨头——多亏三维成像与建模技术，根据两者之间的共同点，它们都已被加工至合适的比例。最终，一位"斯皮先生"诞生了，骨骼完整，体态和谐。至于他的肌肉状况，则需要考虑其嵌入骨骼的位置与骨头的分布，还得遵循一定的大小和形状，好让各个关节都能活动——这些活动也都由计算机建模、验证。由于一开始的骨架就非常逼真，后来添加的部分在解剖学意义上的准确性超越了先前的历次尝试。这样一来，我们就拥有了一具人体模型，只需再给它覆盖上一层皮肤，就大功告成了。

---

[1] 英国作家玛丽·雪莱在小说《科学怪人》中的疯狂科学家，他将尸体复活，制造出一个怪物。如今亦常常被用作怪物的代称。——译者注

至于史前人类的肤色，通常的观点认为，他们与我们一样，肤色随着地理位置及日照条件变化。然而，如今即使是同一地区的人口，内部也存在很大差异，例外时有发生。根据古人类遗传学近期取得的研究成果，我们还得出了一个重要推断：会出现浅色皮肤，不是因为人类适应了变弱的光照强度，而是因为他们的饮食发生了变化。事实上，当人们不再以狩猎采集为生时，食物中缺乏某些元素，会让他们曾经黝黑的皮肤变得苍白，即使他们一直安居一隅，从未迁徙。因此，确定史前人类的肤色并没有看起来那么容易，对于智人之前的人种来说，更是困难。在关于尼安德特人的最早记录中，由于生活环境十分寒冷，他们被描述为一群身量矮小，但膀阔腰圆的人。今天，我们确实可以在许多动物身上观察到气候对于体型的影响，兔子、狐狸乃至智人都是如此，而因纽特人与马赛人之间的差异更是将这种影响体现得淋漓尽致。不过，对于生活在极北地区与埃塞俄比亚高原的这两种居民而言，气候与体型的关联性未必总是成立，无论是狩猎的因纽特人，还是过着半游牧生活的非洲人，都是迁徙及其他因素的产物，而这些因素并不直接与外界温度相关。此外，别忘了，尼安德特人延续了数十万年，他们可是东奔西走、跨越了近 1 万千米距离的物种，什么样的气候没体验过。因此，他们的历史不能用一种生活和一块封闭的地域来定义。

他们的身体与我们的不同，这一点不可辩驳。比如，其脊柱更直，弧度明显更小，胸腔也呈桶状——为了适应双足行走以及巨大的脑容量，尼安德特人走上了与智人不同的进化方向。因此，尼安德特人的结构之所以如此特殊，并不仅仅因为他们（尤其是末期）生活在冰河时期，这其中也离不开他们数千年间为适应环境改变所做的努力：对于生活方式和存在形态，他们给出了自己的答案。

还剩下一个棘手的问题：毛发。没有人说得清，人类到底何时长出一身毛，又是何时掉了个精光。对于这个问题，人们提出了许多假设，有的荒诞不经，有的不可思议，有的一本正经。比如，一些研究者提议，只要查一查我们最熟悉的两种小寄生虫——阴虱和头虱是在什么时候分道扬镳的，就能解决这个问题。事实上，这对表兄弟在 300 万年前就已分家了。按照这些人的逻辑，这些微型生物之所以不再遍布人类全身，是因为人类身上缺少适合它们的环境。于是，它们各自演变，走上了不同的道路：头虱躲在头皮上，阴虱则藏在另一块毛发丛生的区域中——具体位置我就不明说了。

只是，它们的渐行渐远，真的发生在人类毛发退化的时刻吗？我们无法确定，说不定在此之前就已发生，也没准，这是一个旷日持久的过程。而且，事件年代很难依靠遗传学推定，一定程度的错谬难以避免。无论是在100万年前，还是在200万、300万年前，在头虱看来都无甚关系，但对于其中牵涉的史前人类，可就意义非凡了！同一批研究者还提出一个假设：人类身上的阴虱，是从我们的朋友大猩猩那里得来的——这种"操作"我想都不敢想，更不用说试着解释了，我的读者里面可能有孩子呢。还是严肃一点。既然我们聊到了这个话题，你要知道，我们的毛发实际上不比黑猩猩少，只是更细而已。

我最喜欢的假设其实是下面这种：当人类彻底变成两足动物，成了不起的步行者时（大约200万年前）毛发就退化了，这样方便调节体温。这种理论与其他理论一样，都缺乏确凿的证据，但它把这个问题引入了更广阔的背景，在我看来颇具说服力。因此，总体而言，与其说史前人类的外观重塑，尤其是毛发状况的描述，根植于坚实的科学数据，倒不如说这是审美选择的结果——就连我们的"斯皮先生"也未能免俗。

最后，让我们来谈谈基因。各种"惊世发现"总是不厌其烦地告诉我们，尼安德特人长着红棕色的头发和浅色的眼睛，头发稀少；胆固醇高，脊柱过度前突，精神分裂，抑郁，臀部全是赘肉，还挺着个大肚子，总之全身都是毛病！这些信息被媒体反复渲染，大肆宣扬。是，我们确实在两三位尼安德特人身上发现了与这些性状有关的等位基因，即基因的变异版本；这些"变体"也确实影响了现代人类的特征。但这种说法有一个巨大的缺陷，那就是基因并不能单独起作用。今天，人类已处于后工业时代，我们无法依据这些等位基因现有的功能，去判断它们如何作用于旧石器时代的人类。同样，这些基因未必总是有害、有问题的。比如，尼安德特人体内与胆固醇相关的等位基因其实就是有益的！即使在我们看来，某一事物有负面因素，也不意味着它就一无是处。胆固醇对身体至关重要，它在过量的情况下才会危害健康。正是因为尼安德特人体内的这种基因对现代人有益，所以才会保留下来。因此，那些基因片段是如何在尼安德特人身上表达的，我们完全说不准。简而言之，我们不应该迷信古人类遗传学。新工具能帮助我们更好地领略史前人类的面貌，这一点诚然不假；然而，堪称奇迹的解决方案并未出现。

史前生活的真相

  史前人类学家拿着一小截骨头，为了一块趾骨碎片的归属反复争论，或为了一个傍人右上方第一颗臼齿上表面可见的凸起数量而吵个不停——这样的场景让人心烦，这么做有什么意义呢？幸好，形形色色的剧情纪录片、书籍和一些研究者总算展示了一些我们感兴趣的东西，那就是史前人类是如何生活的。尼安德特人攀越白雪皑皑的山峰，打造工具，猎捕猛犸象，最后被智人灭了个精光——这才像样！

  今天，我们能深入史前人类生活的最细微之处，全靠各种技术。考古现场汇集了各种各样的证据，展示着每一位"你方唱罢我登场"的过客，仿佛是一张张快照，捕捉了过往的每一个镜头。这如同一本厚达千页的大书，只需像阅读普通书本那样翻开它的书页，就会看见人类的生活片段在

字里行间不断再现。我们可以从中推断出他们迁徙至此的时节，在这里都做了什么，有多少人，等等。若是用上特别高端的分析手段，我们甚至还能知道他们的菜单上都有什么！没错，我们就是这样知道，尼安德特人都是"肉食大户"。

最后，基于今天的动物生态学，加上对始终过着狩猎采集生活的人群的研究，史前时代人类与动物的关系也能得到解读。因此，最了不起的专家总是对尼安德特人的活动如数家珍！比如，尼安德特人不追捕猛犸象——相对于他们的技术水平，猛犸象太危险；或者说，只有年轻人才会进行这种冒险：他们在地上挖出小洞，幼象会落入陷阱，成年象则会逃过一劫。接下来，尼安德特少年们只需将猎物杀死就大功告成了。他们也可以借助沼泽的力量，抓获深陷其中的猛犸象，然后把它们大卸八块。多亏了这些"可靠"的史前史学家，我们才能一窥史前人类生活的真实面貌！

对史前人类生活的描述中，总是充斥着各种离奇古怪的传说。然而你得知道，剧情纪录片中的情节只不过是毫无根据的假设，最可靠的依据恐怕是导演的幻想。将各种故事和元素化为图像，让观众大饱眼福，就是其意义所在，即使毫无科学实据也没有关系。更进一步说，我们需要区分特例与推论：前者为单一事件，可以被准确地还原与重述；后者是研究人员对史前生活的总体概括，却难免有错漏。故事无论多么美妙，都不能与真实的日常生活画上等号。那么，该如何判定科学与虚构的界限？大家不妨跟随我，在神话与现实之间遨游。

史前遗址确实能透露许多信息，但在不少方面仍然力有未逮。将地层与某个单独的人类居住期对应起来，并估计其持续时间，是一个十分艰难甚至不可能完成的任务。沉积物缓慢沉淀，掩埋的物品随之变换位置，未必都能保留下来，况且，地层有时也会参差交错。一切都需要小心解读。不同的活动区域倒是可以区分，比如，大量的硅石碎片说明，人们曾在这里打造过工具；残留的煤炭、骨头与带有烧灼痕迹的石头表示，人们曾在此处生过火。通过残骸的密度，可以推断出是否曾有多个人种到此一游，但这充其量只是粗略的估计。这儿有过什么人？发生过什么事？对于这两个问题，我们的答案永远不会比一位警探在犯罪现场的推理更准确，毕竟，在这场饶有趣味的调查中，目击证人始终缺席。

"遗址考古学"还有另一个重大缺陷：在考古现场发现的东西只是历史全部面貌的一小部分。比如，工具确实是在某一处制造的，但接下来没准就被人类转移到其他地方使用了。出土的动物残骸，往往让史前史学家们联想起人类的烹饪手艺——他们把动物的一些部位搬回家，切块，煮熟，大快朵颐。但别忘了，它们是化石作用的产物。植物是不能活过这漫长的世纪的，最终留下的只有稀少而罕见的痕迹。

总的来说，考古地层远远不是人类活动的快照，而只是一个废品堆放处。史前史学家在旧石器时代的垃圾桶里翻翻捡捡，最糟糕的就是，大多数垃圾是可降解的——当然，这是对于科学家而言，大自然对此可没什么意见。

有时候，新方法能让隐藏的秘密显露原形。无论是研究牙齿的磨损状况，还是分析同位素（相同化学元素的不同形式，存在于已成化石的组织之中），我们都能从中窥见史前人类的饮食状况。然而，留在牙齿表面的痕迹只能泄漏牙齿主人最后几餐的秘密，通常情况下，不会揭晓更多细节。总的来说，依靠这些在咀嚼过程中留在牙齿上的微小痕迹，我们只能搞明白，某位早就去世的老兄在生命的最后几天里，究竟是吃了菜还是吃了肉，却无法知晓他的菜单的详情。同位素技术也是一样的道理：它确实能给出饮食结构中各种元素的丰度，但具体情况还得视当地环境及生物链而定，而这些未必全都有迹可循。有例为证，15 年来，所有相关研究都宣称尼安德特人是不折不扣的肉食动物。不过，最新的研究则显示，他们也吃蔬菜。因此，块茎和植物都曾出现在尼安德特人的餐盘中，只是食用比例依然成谜。此外，石器上残留的印记，刀刃上微小的使用痕迹，以及在牙石里发现的微量元素，无一不表明尼安德特人大量食用蔬菜、鱼、贝类和植物汤剂，他们还会用纯天然的原料制成药品。这种最新技术就是 ZooMS，不管是再微小不过的残片，还是沉积物，它都能对其中的分子进行分析。如此一来，只要有了小片碎骨头，就能判断它属于何种动物；只要翻捡食物的残渣，就能了解"当日菜单"的全部细节；依靠沉积物中的痕迹，我们甚至无须化石，就能确认人类的存在，以及他们所属的物种……至于史前人类是如何在地上留下"自己的一部分"的，我不说你们也能猜到吧。简单来说，我们知道的确实越来越多，但这更说明，史前人类的行为方式远比我们猜想的更复杂。

　　说到底，一概而论是件危险的事。但很不幸，这却成了某些史前史学家的惯例。以今天的狩猎技术为参照，去想象尼安德特人的狩猎场景，这看似有趣，在科学意义上却并不可靠。想必上文中提到的猛犸象宝宝可以躲过地上的洞了，而把陷在泥沼中的动物大卸八块，也一点都不轻松，尤其是在你试图抱着食物安然离开的时候。然而，这些无稽之谈却在不少"严肃"的历史课上大行其道——至少，听众们以为很严肃。别轻信那些过于简单的故事。如果一项同位素分析显示，斯皮洞穴的那位尼安德特人曾经吃过猛犸象和披毛犀，那么，这既不意味着所有尼安德特人都这么做过，也不等同于"斯皮先生"每餐都这么吃。研究史前人类的活动是一项严肃而复杂的任务，绝不能任由第一个路过的游吟诗人越俎代庖。一边是故事，一边是科学论证，爱听哪种悉听尊便，但你务必得搞清两者的区别呀！

史前的女性角色

在大自然里，狮子、鸸鹋和蜜蜂都雌雄分明，各有各的行为方式。史前人类又是从何时开始，找到彼此性别分工的呢？

2017年，在南方古猿两性关系的研究领域，一个属于这种古老两足动物的巨大脚印进入人们的视线。你知道露西吗？她是阿法南方古猿（afarensis）第一个算得上完整的骨架，距今已有300多万年。她身量矮小，走起路来想必摇摇晃晃。而那脚印的主人正是男版露西！在坦桑尼亚的莱托利，人们发现了一些更为古老的足迹，它们属于3位南方古猿。在这些痕迹掩盖之下，研究者还发现了一道新的脚印，相比于小露西或者其他脚印的主人，这个家伙的脚大得惊人——身高1.65米的南方古猿，却

有着 42 号鞋码[①]。发现者称他为"楚巴卡"[②]，因为他也是个毛茸茸的大家伙。这就说明，史前社会确实存在着一个处于支配地位的男性，他比女性强壮得多，是整个小团队的头儿。

在尼安德特人中，与男性成员相比，女性更纤细，也更瘦弱。她们骨骼上的肌肉附着痕迹不那么明显，这说明她们的肌肉组织远不如男性发达。因此，女性无法承担诸如狩猎之类的体力活——这显然是专属男性的任务嘛。她们能干的，只有那些与体质相宜的事情，比如采果子和看家。

众所周知，女性的最大职责其实就是生孩子。在那个凶险的岁月中，婴儿的成活率极低，可人类想要延续，就非得生孩子不可。人类的脑容量更大（至少从直立人开始如此），这意味着婴儿的生长期更长，也更依赖自己的母亲。不妨想象一下，对于堪称"脑容量之王"的尼安德特女士，她要如何照顾可爱的宝宝。因此，在那遥远的时代，"女主内"想必再自然不过了。没想到，这个我们祖辈引以为豪的传统，存在的时间竟比我们原以为的还要久远！

我已经能够想象，你们在看到上面那几行字后，得气成什么样子。女士们，我很抱歉，不过，难道你们没在其他地方（包括但不限于史前史领域）看到或听到过类似的言论吗？现在，该看看不同的思维方式如何影响科学数据的阐释了。环境、文化、所学的知识、经历的

---

① 约为 26.5 厘米。——译者注
② 电影《星球大战》中的角色名，是一位体型高大、身披毛发的武基族战士。——译者注

事情——基于这些自身经历，人们形成了一套观念，接着人们又会用这套观念去解读过去。而这样的解读通常既不客观，也没有限度，我们凭什么这么有信心，觉得自己可以解释一切呢？一边是"楚巴卡"对年轻的南方古猿们实施"铁腕统治"，另一边是尼安德特女人不得不待在家里，只因为她的体力可能弱了点，或者，她就理当照顾自己的孩子。我猜，你会觉得前者的画面比后者更自然。这些场景中或许有真实的成分，但如何才能分辨真伪？这里有个合理的方法：在讲述这类故事的时候，要确保使用可靠的科学数据。

　　我们不妨先去看看南方古猿留下的脚印。在出土之后，这些脚印被视为一个男性头号人物存在的证据，所有人都对他毕恭毕敬。真是这样吗？我不知道。其他线索（尤其是颅骨的形状）表明，男性要比女性强壮。在现有的猿类中，这种性别二态性确实指向雄性头领的存在，但即使在大猩猩和红毛猩猩之间，社会关系也是天差地别。因此，这一点并不能说明什么。解读脚印也不是件容易的事。当土质不同、行走速度不一，或者其他条件不一样的时候，哪怕是相同的脚印，对应的身高和体型也可能全然不同。如此一来，单凭几个脚印就想把体型精确到厘米，这未免过于野心勃勃了。

　　友情提示：在 12 个身高可估计的南方古猿中，露西是第二矮，其中最高的古猿差不多有1.6 米。他们的个头肯定有高有矮，而且外形上的男女差异似乎要比我们现代人大得多。不过，这能说明在所有古人类族群中，总有一个处于支配地位的男性，其他人都乖乖臣服吗？我看不能。今天的猿类尚且拥有千差万别的行为模式，若说最古老的人类也以这样的方式生活，就太不靠谱了。

　　接下来，我们得啃块"硬骨头"。体能和狩猎之间的循环论证根深蒂固，坚不可摧。但我有一个问题：无论是什么任务，你觉得只要派出最强壮的人就都能成功吗？即便那是个体力活，难道精确度、人数、耐力、头脑等因素不是制胜的法宝吗？"尼安德特女人不能参与大型食草动物的狩猎活动"，在这一说法背后，真的有出于生理原因或逻辑的思考吗？我反正不信。

如同先前解释的那样，在生物学意义上，尼安德特人中的男性与女性并非泾渭分明，若说女性不及男性强壮，在客观性和科学性上也纯属无稽之谈——无论如何，这些都不是阻止女性狩猎的理由。就我所知，真切地展示了性别差异的研究只有一项，该研究与西班牙艾尔席卓恩洞穴中的尼安德特人有关。在通过遗传学和解剖学信息确定其性别后，人们发现，女性牙齿上的划痕比男性的长。嘴巴的功能无非是咬、咀嚼、含，可我们完全无法知晓这些动作间的性别差异。每个人的嘴巴都能派上用场，但显然不同的人有不同的方式：区别是什么？为何有区别？迷影重重！另一些元素则显示，某些遗址存在着不同任务的空间划分：厨房、干手工活的地方、睡眠区……却没有任何证据表明谁在那里，又做了什么事。可见，利用考古数据验证史前人类间可能存在的性别分工，是不可能完成的任务。最近，这些成见还遭到最后一击：几项科学研究表明，对于以狩猎采集为生的人类来说，各种活儿都是男女平分，这样还能提高效率。是的，我知道，这和我们熟知的那一套理论完全相反，却是有科学依据的！当然，若想将其推广至整个史前阶段，这一正一反两种理论其实半斤八两，都不可靠。

我还得谈谈两个复杂问题。第一个事关史前艺术。各种各样的维纳斯雕像、形形色色的阳具、岩壁上的三角及所有其他壁画，都被诠释为具有强烈性意味的符号。这样解读或许没错，但这也只是一种解读而已。说到底，与其说它们表现的是那些史前艺术创作者的社会关系，倒不如说那是史前史学家的概念框架！第二个问题和孩子有关。这是很多人在试图论证存在性别分工时惯使的"撒手锏"。只有女性能怀孕生产，这一点毫无疑问。在小家伙们的饮食和教育方面，女性的角色也重要无比。但是，我们缺乏资料，无法确认旧石器时代的父亲究竟担任何种角色。不过，至少在近几十万年来，人类营地里有武器、工具，还有火，安全性大概是可以保证的，因此，坚持认为妈妈们得寸步不离地待在孩子身边，就完全没有道理——而且，爸爸们说不定也分担家务活呢。

结论：史前男女的关系大概是最无史可依，而又最破绽百出的！

喔！人类，
美丽又智慧的直立生物……

那么，人何以成人？这是个宏大的问题，对吧？现在，该给人类一个定义了。我认为答案显而易见。

让我们从久远的过去说起，因为至少早在现代人存在的200万年之前，人属（Homo）就已出现。"人类"一词因此被赋予了额外含义。最早登场的是能人（Homo habilis），这个命名在各种意义上都恰如其分。没有比这个更相称的名字了——第一个配得上人类称号的，就是能人。他灵巧，完全以双足行走，还是首位"工具设计师"，无愧于"能"之名。下一位出现的是直立人，凭借高昂的姿态得名。和我们一样，他们也能笔直站立，和那些始终在"用双足蹒跚行走"与"用手臂攀缘树枝前进"之间摇摆不定的南方古猿简直有着天壤之别。不过，后者的名字也早就说明一

谣言！

切了嘛——毕竟，他们只是"南边的猴子"。

接下来，只需想一想我们自己的名字，或者我们所属物种的名字，结论就呼之欲出了。智人，这意味着，我们属于人属，同时还是智人种仅有的成员。Homo sapiens，sapien 这一拉丁语翻译过来就是理智、聪明、明白事理的意思——说的不就是我们嘛！若是拿今天的人类与其他生物做个比较，人类的定义也一清二楚。只有我们拥有自我认知，明白自己是什么、是谁，同时还能征服环境。纵向来看，就算与过去的史前人类相比，我们仍然独一无二。是谁发明了互联网、轮胎和文字？是谁创造出了艺术？又是谁懂得埋葬死者，总结出人性的奥秘，甚至建立了"彼世"的体系？当然是智人！有研究者还提出，复杂的语言系统乃我们专属，现有的表达方式也是我们的专利。就像笛卡儿所写的那样，我思故我在。智人，名副其实，独一无二，无与伦比！

想要讨论"人类是什么"这个问题，首先得理解"人类"一词的含义。这一步至关重要，因为哪怕是在科学家之间，用于分类的术语也并不统一，彼此的含义千差万别。即使是我在这儿写下的术语，在别处或许会有不同的定义和用法。搞明白每个词的意思很有用，为此，我将努力提供受到多数史前人类学家公认的定义。

在人亚科（homininae）之下，有人属（包括人属化石和现代人）、南方古猿属、傍人属、地猿属、千年人属（Orrorin）和沙赫人属（Sahelanthropus）等。他们都使用双足，相关的解剖学特征也完全相同：颅骨位于脊柱上方，脊柱的形态适应直立行走，等等。人科

（hominidae）则包含人亚科，除此之外，还包含现代猿类（大猩猩属、黑猩猩属和猩猩属）及其两千多万年间的所有共同祖先。除了少数无法分类的"异类"，这些定义基本都行得通。

现在，棘手的事情来了。对于史前人类学家来说，"人属"这一概念有点像讨厌的橡皮膏，黏糊糊、人见人烦，却又不知拿它如何是好。但就像橡皮膏一样，它也曾派上用场，只是一粘上就再也摆脱不掉，也不会做出更多贡献。起初，"人属"的定义来自考古学家的一次灵感迸发。最早的手艺人——能人是人属的第一位成员，他被认为具有语言与推理能力；可就解剖学而言，他却与"前人"之间并无明显差异，而他的"后人"又和我们颇为相似。认知能力才是不同古人类群体间的分水岭。因此，想要给人类一个定义，人属或许不是最好的选择，因为它既没有明确解剖学特征，也未对行为做出清楚的区分。但既然这个词汇已经确定，我们不妨先将目光投向别处。想要定义人类，我们还得去看看另一个群体。

我们总以为，对"智人"这两个字所代表的生物已是无所不晓，就算还差一点，也八九不离十了。之所以还差那么一点，是因为如何定义我们所属的物种，以及如何描述其特征，是一件难度超出预期的事。首先，智人是动物，是哺乳动物，也是灵长类动物；同时他也是人属的代表，显然，还是智人种的唯一成员。自从尼安德特人被划归为不同人种，即人属尼安德特人种（Homo neanderthalensis）以后，人属智人种智人亚种（Homo sapiens sapiens）这类命名方式就已被停用。"现代人"一词倒仍然经常出现。很好，只是，我们智人到底有哪些特征呢？

很多人认为，智人更"聪明"。可此话一出，人们就要吵成一团！实际上，工具不是人类的专属。现在的猿类也会根据需求使用或制造一些物件，对于周围的植物有什么药用价值，它们也一清二楚。因此，制造工具算不上人类特质。在被视为"思想与知识担当"的智人出现之前，担得起"聪明"二字的，很可能大有人在。几十万年以来，人亚科成员为了制造工具，一直在挑选石头，有时是为了优化工艺，有时则是出于审美需求。他们还会基于非实用原因，收集、保存大自然中的奇珍异宝，比如化石和好看的石头。有声语言被视为现代人类的显著特征之一，但其起源时间很难确定，因为无论是声音本身，还是发出声音或解析声音的器官（比如舌头和大脑），都不会变成化石。而那些留存下来的间接证据，解读起来又十分困难。颅骨、颌骨、舌骨——这些骸骨在重见天日后，都被用来重现喉咙或耳内器官的形状及位置。根据这些部位的三维重构结果，史前人类有别于现在的猿类，和我们有着相似的器官功能。考古证据甚至显示，我们的前人很早就具备了复杂的交流方式。事实上，无论是制造工具、使用火，还是各种具有象征意义的行为，都说明他们已经拥有了代代相传的知识和价值观。我们智人也不是唯一创立了"死亡仪式"的物种，尼安德特人也会埋葬逝者，这既说明他们拥有共同的价值观，也表明他们互相尊重，或许还代表他们相信彼世。这些例子足以说明，思考能力不为智人独有。这样看来，智人非但没有独一无二的解剖学特征，而且其许多生理特点、行为方式也与其他生物及史前人类差距不大。我们虽然是地球上硕果仅存的人类，却并非独一无二。

　　我们是否回答了最初的那个问题：人类真的既美丽又智慧吗？无论如何，我们都无法确定人类是否美丽，这本来就是个人主观的判断。但是，人类确实还拥有一种尚未被提及、起源也不可考的重要特质——敏锐的自我认知，正是它使得我们不同于今天的其他动物。这便是人类的本质吗？

　　或许吧。但与其孤芳自赏，我们不如利用这个独一无二的能力，把目光投向四周。人类该停止破坏大自然了，毕竟我们也生活在其中——是时候有点"智慧人类"的样子了，就像个真正的"智者"那样。

露西是我们的祖先吗？

谣言！

读到这个标题时，那些勤奋而博学的读者想必会怀疑、发问，甚至嗤之以鼻。他们记得，伊夫·柯本斯[①]说过，露西不是我们的祖先，而是我们的"姨祖母"。可即便"露西之父"亲口证实露西不是我们的"亲祖母"，而只是祖母的"姐妹"，我们也很想相信这个说法，但大家还是完全不能理解。柯本斯是专家，说得肯定没错。就算是一直试图反驳我的读者，想必也同意这部分的内容。这太简单了。

可是，如果不是露西，那又会是谁呢？你听说过另一位南方古猿，或者其他某个生物，可能是我们的祖先吗？我反正没有。如果我没理解错，在"小露露"这个毛茸茸的大明星出现几十万年后，人属才姗姗来迟。图

① 法国著名古生物学探险家，是露西化石的共同发现者。——译者注

迈、千年人和地猿人还要更早，它们是最古老的两足动物，距今已有450万至700万年。但在它们的问题上，研究者的看法有些分歧，有人认为它们分别是大猩猩、黑猩猩的祖先和其他猿类，和我们人类没一点关系。简而言之，除了露西，350万年前没什么别的"人"了。在南方古猿属内，各物种的名字或许别具诗意，却没什么实际意义。况且，若露西不属于我们的大家庭，那她又为什么这么有名呢？就像那四位来自英国利物浦的歌手①唱的那样："露西是天空中闪耀的钻石。"好吧，这一次，我没抵挡得住"简单的诱惑"——为了押韵，歌手其实什么都唱得出来。

说到底，这整件事就是个用词问题。毕竟"姨妈"也是家庭的一员，还是我们的长辈，家谱里有她的位置。在更大的层面上看，人类的进化也是一回事。今天，科学家总是提到"人类谱系"一说。如果确实存在这样一个谱系，那么最古老的那位肯定就是所有后来者的祖先。那么，位于图迈及其同辈之后，又在人属之前的，除了南方古猿，还能有谁呢？既然没有反证，那我可就要固执一回了：露西，就是我的祖母！

这个话题很好地说明了，传播科学知识之所以如此困难，并不是因为其本身难以向众人解释——我相信，只要解释得足够清楚，没什么理解不了的——而是因为许多科学家没接受过传播学的训练，这有时会成为明显的缺陷。同时，我们也并非无所不知，稍有不慎或过度解读，就会落入伪科学的误区。为了让科学走近大众，不仅要传播事实和数据，还要让它们

① 指披头士乐队。"露西"这个名字来源于该乐队的歌曲《缀满钻石的天空中的露西》。——译者注

具有意义。我们得明白，在研究中得到的结果，是如何更广泛地与这个学科中的各种问题结合起来的。我们需要考虑内在的深意，尤其是在讲述史前人类的故事的时候——他们可是理性生物。读完这本书，你会成为一名识别"简单诱惑"的老手，再也不会说出荒唐话了。

20 世纪 70 年代，人们确实视露西为光荣的先祖，原因很简单。那时候，出土的化石屈指可数，对于人类进化的进程，人们大体持如下看法：南方古猿变成能人，能人再变成直立人，最后智人出世——简单干脆，无懈可击。人们在毫无头绪的情况下，只能得出一幅关于进化的图像。在画面中，一只猴子一点一点地立起身子，越来越像"人"，并最终成为今天的我们。但这幅图像在双重意义上都是错误的：它暗示着时间上的连续性与渐变性，但实际上，各物种既不是"你方唱罢我登场"，进化时也并非循序渐进。今天我们对这一切十分熟稔，因为自那之后，我们已经找到了很多化石，自然也更容易确定这种"物种排排坐"的图景是不存在的。

图迈是已知最早的人亚科成员，因而也是已知最早的双足灵长类动物。我坚持保留"已知"一词，是因为它暗含着"截至目前"的意味。没准在不远处，没准在其他地方，在图迈之前还有别的人亚科存在。"乍得沙赫人"（Sahelanthropus tchadensis）是图迈的学名，他们生活在 700 万年前的非洲中部。接下来登场的是千年人和两种地猿人，算上他们，在 300 万年里共出现了 4 个人种。而那个时期正是人亚科进化证据最为薄弱的阶段。因此，"谁是人类之祖"这个问题总能引发争论，尤其是在这三类"候选人"的发现者之间，人们认为，这其中或许有浑水摸鱼之徒。我认为，从解剖学角度上看，要么如图迈的反对者所说，他并不是大猩猩的祖先；要么就是，物种进化之路过于神秘了。

距今 450 万年的始祖地猿（Ardipithecus ramidus）是"人类之祖"称号的另一位有力冲击者。其发现者发表了一篇文章，称其化石让我们得以窥探现代人与黑猩猩最后的共同祖先的秘密。不过，这个观点遭到了反驳：既然始祖地猿可能是现代人和黑猩猩的共同祖先，那它就不是人亚科的成员，而是其他猿类的祖先！露西也有类似的遭遇。她从人类的直系祖先沦为"姨祖母"，在一些人的心中，她甚至已经变成一只远古的猴子，她与我们人类的因缘还没有与黑猩猩的深。这种想法蠢透了。现在的所有猿类都经历了相同的进化过程，人类也是如此。无论是黑猩猩、红毛猩猩、大猩猩还是人类，都是数百万年物种进化的结果，这些进化不是线性（linear）的，而是丛状（bushy）的。

这里涉及一个与尺度相关的概念。尽管人们已经抛弃了"物种更替呈直线状"的观点，但今天，大部分研究者依然使用"人类谱系"（human lineage）一词，而这样的命名方式不免暗示着，不同物种之间存在着直系亲缘关系。你若不信，不妨去字典里查一查"谱系"的定义。这个词还会使人想到某种方向性，这是因为人们总是难以摆脱文化偏见的影响，相信现代人是进化的最终成果。我提议，不如用"丛"（bush）代替"谱系"（lineage）一词，前者更能形象地表现不同物种之间的关系；同时，用"人亚科"代替"人类"一词，防止在"什么是人"的问题上糊里糊涂地全盘接受别人的定义。于是，"人类谱系"就变成了"人亚科丛"。我相信，这两种命名方式的效果是不一样的，能让人意识到它们所指的不是一回事。让我们回到亲爱的"丛"，并在接下来的解释中赋予它清晰的形象。

图迈属于其中最早的一支，这一点已没有争议——他是两足动物，且属于人亚科。至于地猿人，不管是在时间还是进化进程上，都比之后的所有人亚科成员更接近现代人与黑猩猩的最后共同祖先，但这并不意味地猿人就是猴子！他只不过是在特定时间内更适应特定环境的某种人亚科形式而已。露西也是同理。在我们的心理表征中，她不同于黑猩猩，在人亚科丛中所处的位置也先于我们。当然，并非谁都是我们的直系祖先。这是牵涉众多物种的进化问题，而非某个家族的族谱——它们不是一回事。

在本章的结尾之处，让我们最后一次揭示进化的奥义。我们之所以能勾勒出"丛"中各分支的轮廓，是因为其化石已被找到。而这些陆续出土的化石，还原的也只不过是分支的某些方面。事实上，找到一个恰好位于两个分支交叉口的化石（也就是共同祖先）几乎是不可能的事。"共同祖先"只是理论上的概念，没有真实存在的化石。将某个化石奉为现代人的直系祖先，这种想法恐怕不切实际。因此，露西确实只是我们的"姨祖母"。

"南边的猴子"

关于南方古猿的知识就像一本百科全书。其化石出土于多个国家，尤其是在东非和南非，中间区域也有不少，一路向西依然能找到他们的踪迹——西非的乍得就出土了一种具有代表性的化石。也就是说，在很长一段时间里，在这片 600 万平方千米的土地上生活着两个属的十几个物种。其中最古老的物种距今 450 万年，最年轻的也已有 120 万年。相比之下，智人的存在仿佛只是一段小插曲，在南方古猿属面前，人属简直"乳臭未干"。最后，南方古猿甚至干成了一件大事，进化出了一个独立的分支——傍人，在某种意义上，这是其自身的仿品。因而，想要推断出南方古猿的外表和本领，我们已经万事俱备。

想描绘南方古猿的样子，步骤如下。

正面右上侧视角

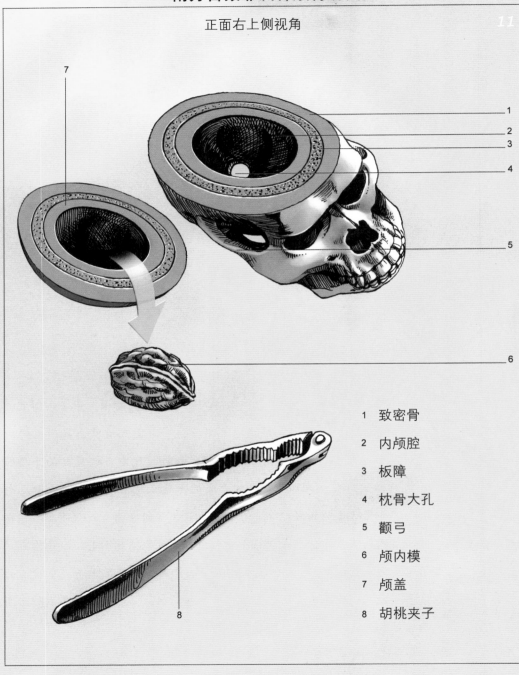

1 致密骨

2 内颅腔

3 板障

4 枕骨大孔

5 颧弓

6 颅内模

7 颅盖

8 胡桃夹子

先画一片开阔的稀树草原，然后给主人公画一副小身板，配上粗壮的胳膊和小短腿，再加个小小的脑袋、宽大的脸庞和巨大的牙齿，以及毛发——永远不要忘记毛发。仅凭常识，你就能搞明白他会如何利用这些身体部位：粗壮的胳膊用于悬挂在树上，抓取物体、保持平衡则离不开结实的手掌和弯曲的指头；那短短的下肢，在地面上迈出的步伐想必不太稳当，走起路来摇摇晃晃；为了对付难啃的食物，牙齿才变成这副模样——人人都知道，南方古猿吃的都是树根、坚果、植物块茎，等等。那也太硬了！可是，生活在干旱地区，这就是仅有的能够入口的东西。如果足够幸运，他们也能在狮子、鬣狗和秃鹫饱餐之后，享用一番残羹腐肉。与我们不同的是，他们的手正是为了丛林而生，大脑仍然和猴子的大脑相差无几。他们和猴子真是太像了，而这些相似之处也说明了其丰富毛发的合理性。最后，这种"前人类生物"还有一个致命缺陷：思维能力匮乏，手也不够灵巧，因而不可能构思并制造那"让人得以成为人"的东西——工具。想要达到这一步，还得继续进化几十万年！

这是个十分宏大的话题，为了认真讨论，我不得不留出比以往更多的篇幅。没错，关于南方古猿的知识数不胜数，但其中某些认知早就过时了。当然，这并不会影响原始科学数据的价值，它们依然是确凿无疑的。但重新审视从数据中得出的推论，仍对我们很有帮助。这些推论有时候要么过于陈旧，要么失之主观。你想看看证据？南方古猿总是被描述成浑身是毛、"猴里猴气"的小家伙，他能在树上旋转跳跃，在地面上却笨拙得连路都走不好。为了改变这个不光彩的形象，从各种可疑的论断中剥离出真相，我们不妨开启两场探究之旅，两者虽然方向不同，但互为补充。在第一段旅程中，我们将徜徉于科学的浩瀚历史，第二段旅程则将带我们领略古人类学的大好风光。

从发现之初，南方古猿就遭受了明目张胆的"外貌歧视"。想要理解这一点，我们得从 90 多年前说起。1925 年，雷蒙德·达特发表了一篇论文。根据 1924 年在南非汤恩发现的幼儿遗骸，他提出了一个新物种，即南方古猿非洲种（Australopithecus africanus）。在他看来，这个小孩子身为已知最古老的人类成员，有资格代表整个人类。出于多种原因，这一宣言冲击了那个年代盛行的进化理论。这个化石来自非洲，而 20 世纪初的学者都认定，欧洲才是人类的发源之地。化石的形态也让当时的生物学家困惑不已，他们认为，正如名字的字面意思，这位南方古猿不过是只"南边的猴子"：他的牙齿小小的，脑袋也小小的，把他和如今的非洲猿类划归到一起，才是合理的做法。总而言之，这不过是一具大猩猩宝宝的化石。至于其颅腔底部与双足灵长类之间的相似性，才不重要呢。毕竟，因为化石的保存状态不够好，所以无法确定其真实结构——这需要面部和天然的颅内模型，即大脑最外层在颅骨内表面上留下的痕迹，可头盖骨并没有留存下来。但是，这个大脑留下的痕迹，和四足行走的灵长类也没什么关系。

实际上，人们之所以拒绝承认"汤恩幼儿"的身份，是因为那个时代，大家相信人类始祖另有人在。这个角色不容有他，更别说是长着这副尊容！更何况，人们欣然接受的另一位"祖先"堪称完美，和这具来自非洲的小脑袋化石简直是云泥之别。在当时的文化背景下，在英国发现的那位"人类之祖"近乎完美——大脑发达，牙齿巨大，还是百分之百的"英国制造"。这就是"皮尔丹人"（Piltdown）。后来的事实证明，整件事就是一场骗局，皮尔丹人还真的是由某个爱开玩笑的英国人亲手"制造"出来的。它由很多东西拼凑而成：颅骨碎片可能来自附近某片墓地，所以年代并不久远；面部和牙齿则属于一只现代类人猿。经过恰到好处的处理、做旧、损坏，在这具"化石"上看不出任何智人或猩猩的典型特征，看起来如假包换。硕大的大脑加上"欧洲血统"，使得皮尔丹人成为"可敬的人类祖父"一角再合适不过的人选。但这是一场终将幻灭的美梦，因为汤恩幼儿虽然外表差强人意，但货真价实。你看，显然没有人能做到绝对客观，哪怕是某个学科的几乎所有专家。人们得出一个教训：虽不能质疑科学的一切，但保持批判精神还是很有必要的，如有可能，最好只谈论我们了解的事物，免得变成传播成见的帮凶。

从 1925 年开始，各种考古发现层出不穷，十多个新物种闪亮登场，其中 7 个都是南方古猿属的成员（南方古猿湖畔种、南方古猿阿法种、南方古猿非洲种、南方古猿羚羊河种、南方古猿近亲种、南方古猿惊奇种和南方古猿源泉种），还有 3 个属于傍人属（埃塞俄比亚傍人、鲍氏傍人和罗百氏傍人）。然而，不管是科学家还是普罗大众（我承认对于大众更有难度），对史前人类的印象仍然停留在非常粗略的阶段。哪怕南方古猿的人亚科成员身份早就得到承认，但在众多学者眼中，这始终是一种长相酷肖猴子、浑身是毛、对一切懵懂无知的动物。让我们从相关科学资料出发，重新审视这个不太光彩的形象。

首先，南方古猿并不都是小不点。露西虽只高 105 厘米，排在已知身高榜的最后几位，但南方古猿中的大个子也有高达 160 厘米的。平均而言，他们确实比现代人矮，但这也不如霍比特人和巨人的对比那般鲜明。南方古猿的身高通常为 135 厘米左右，依靠王牌工具——结实的手臂，在林间来去自如。不过，这不是什么值得羞耻的事，况且他们在地面上的步态也不像一些人所说、甚至模仿的那样滑稽可笑。看看今天猿类行走的样子吧，也并不像在跳一支摇摇摆摆的桑巴舞呀。哪怕只是简单站立，黑猩猩也是有自己特定姿态的。那些观点的言下之意，其实是南方古猿不能以我们的方式行走，而这种不同就意味着不好。他们的步态和我们的不一样，这一点毫无疑问。但南方古猿存在了数百万年，在如此漫长的时间里，想必他们足以学会如何把一只脚放到另一只脚面前，而又不至于走一步摔一步了。无论如何，在 300 多万年的岁月中，他们适应得挺不错。总之，谁也不能确定，露西和她的朋友们以什么样的姿态四处闲逛。要想搞清楚这一点，我们得为一个复杂系统建立模型，其难度和给一具骨架及周围的组织建运动模型差不多。路漫漫其修远兮！

此外，因为物种拥有某种体态，就认为它终身只拥有一种能力，这种想法并不合理。南方古猿之所以拥有强健的牙齿，是因为他们只吃坚硬无比的食物，这是一种过于武断的推论。可话说千遍也成真，每个人都对这种说法深信不疑。或许这在南方古猿诞生之初没错，因为与食物难以咀嚼有关的性状是经过自然选择的，但那并不意味着每个南方古猿都是如此。你若不信，我们不妨以鲍氏傍人（Paranthropus boisei）为例。鲍氏傍人的体魄最为强壮：颅骨厚重，顶部的骨嵴固定住有力的肌肉，硕大的牙齿足足是我们的 3 倍！但是，我们就能以此认定他们吃石头吗？针对多颗断齿的详细研究显示，鲍氏傍人的食谱中有草、柔软的植物，也有水果。有的南方古猿甚至还会捕食小型食草动物，至少能主动从多种动物身上获取肉类，而不必只能等待食肉动物大快朵颐后的那点残羹。牙齿无论形状如何，都能咬碎各种各样的食物。

南方古猿行为的多样性中还藏着很多未知的秘密，等待人们去探索。就此停笔前，这一话题还有两个方面不得不提，虽放在最后才说，但绝非不重要。

第一个话题非常"醒目"，只是可说的内容寥寥无几：人们对南方古猿的体毛状况没有丝毫了解。虽然他们总是呈现出一种浑身是毛的形象，但那通常是为了表现他们有多么像"猴子"。既然我们对此已经有了新的认识，所有试图解释毛发存在的论证——地域论（是否生活在热带地区）也好，生活方式论也罢，哪怕论证看上去再合理不过，也全都变得无凭无据（我们将在第 16 章中重谈这一问题）。因为种种假设都无从验证，所以，"南方古猿是否体毛浓重"这一问题毫无科学价值。而且别忘了，现代人身上的体毛在数量上不输黑猩猩，因此肯定也不比南方古猿少，无论后者长着长毛还是短毛——我可不是危言耸听（见第 6 章）。

第二个话题更重要：它不仅是史前阶段后期的重要事件之一，也是击碎循环论证的临门一脚。人们已经在肯尼亚发现了 330 万年前的石制工具，而那个年代距离智人的诞生还有很长时间，那时只有南方古猿存在。虽然我们尚未知晓那些工具的用途，但它们无疑都制作精良。

除此之外，其他证据也显示南方古猿有使用双手制作工具的本领：在同一时期的动物骨头上，人们辨认出了切割的痕迹。因此，关于他们的种种负面说辞，不过是缺乏依据的伪逻辑论证，下一章的例子还将再次说明这一点。

南方古猿才不是浑身是毛、躲在稀疏的树枝上、下了地只能蹒跚行走的小矮人。他们在长达数百万年的时间里四处迁徙，对各种方式找到的食物来者不拒；他们偶尔打打猎，还会制造工具。

第一个"聪明人"

这是物种进化的终极形态，是古人类学的主要标志，是考古发现和理论的完美融合！从未有过哪种化石如此名副其实，而你很快就会明白它底气何在。让我们回到和它相遇的那一天吧。那是 1960 年，经过 30 多年的苦苦探索，路易斯·利基和梅亚维·利基终于在东非发现了一块破碎的颅骨。这块颅骨属于一个外号为"胡桃夹子"的傍人，他因宽阔的下颚和巨大的牙齿而得此名。在他旁边，竟有人工制造的工具散落一地！你是不是大吃一惊？这种"前人类生物"究竟是如何把它们造出来的呢？显然毫无可能呀。幸好，没过多久，一切就真相大白了，而这得益于另一桩发现：一些人类遗骸呈现出了前所未有的特征。后来，更多化石陆续出土，根据一篇科学论文的描述，他们拥有比南方古猿更大的脑容量，基于合理推

断，他们便是那些"高水平"工具的真正发明者。

于是，最早的"聪明人"——能人，诞生了。总算松了一口气……人类保住了荣光！

有了这个发现，在史前人类脑部研究者心中，能人成为和我们一样拥有不对称性的"第一人"，哪怕他们的脑子很小——当然我说的不是专家的脑子。

这个推论合乎逻辑，毫无缺陷。左右脑的不同分区和我们的能力密切相关。大多数人是右利手，就是因为大脑的两个半球按照逆时针方向扭转。我们说话的能力来自大脑的布罗卡氏区，它位于额叶的左下位置，左边的部分比右边更为发达。这可是件了不得的事。而第一个拥有这一切能力的物种，只可能是能人——第一个配得上"人类"之名的存在！

上面讲述的是一个真实故事。在集体想象中被视为"人类开端"的物种，正是以这样的方式登场的。只有对科学发展史、考古发现的环境，以及当时的理论框架稍作了解，我们才能理解这种种意义。时至今日，能人依然是重要的象征，是进化史上的里程碑，个中原因却已和 20 世纪 70 年代大不相同。

在史前人类学界，利基的大名可谓无人不知，无人不晓。一代又一代的利基家族成员踏上东非的土地，丈夫、妻子、孩子及其后人……他们互相配合，前赴后继，为人类奉上举世瞩目的考古发现。路易斯·利基是这个考古世家的开创者，他不仅发现了众多化石，还是其他学科的先驱——当初，珍·古道尔[①]、戴安·弗西[②]和蓓鲁特·高尔迪卡[③]都是在他的推动下，走上了猿类行为的研究之路。不过，我们还是先回到1959年，看看和这一话题相关的那个事件。路易斯和第二任妻子玛丽的第一个重大发现是津吉人（Zinj）的颅骨。那是一个非常完整的化石，在当时被认为属于鲍氏东非人（Zinjanthropus boisei），后来改称鲍氏傍人，并沿用至今。在那之前，路易斯已经忍耐了年复一年的徒劳无功，最终因为生病在营地中卧床未起，错过了化石出土的时刻。石制的工具也在不远处被发现。利基家族认为，他们的这位小朋友就是工具的主人。然而，对于这个观点，科学界没有给出多么积极的反响。原因可想而知：津吉人的脑袋不像能胜任这份工作的样子——即使变成了化石，津吉人还是没逃过歧视。又过了几个月，OH 7（Olduvai Hominid 7，原名"奥杜威峡谷人科7号"）的标本也重见天日。它由牙槽骨、一颗上臼齿、两块顶骨以及腕骨和趾骨的碎片组成。这些遗骸没那么强壮，头部也没有骨嵴，牙齿小一些，大脑则更大。后来，OH 4、OH 6、OH 8、OH 13和OH 14陆续登场，不断修正先前的认知。标本数量够多了，是时候行动了：1964年4月4日，《自然》杂志刊登了一篇文章，宣布确认新物种——能人。

这是一个关键的时刻，因为它重新定义了人属。在那之前，直立人一直被视为人属的最早代表，而从此以后，人属大家庭又多了位小脑袋成员。可见，拥有一个比南方古猿更大的脑容量是多么重要——只要跨越了600毫升的临界线，就迈入了人属的范畴！那篇文章在结尾处探讨了一个重要的问题，即这则宣言的"文化相关性"。文章没有否认津吉人具有制造工具的能力，而是写道："能人可能是更先进工具的制造者，而那位津吉人颅骨的主人，可能闯入了一个能人的居住地，或是在那里遇害。"这便是作者的原话，你大可以去查证，在网上就能找到免费版本（原文是英文）。这番结论掷地有声，可研究者们最后牢记于心，继而向大众

---

① 英国生物学家、动物行为学家、人类学家和著名动物保育人士，长期致力于黑猩猩的野外研究。——译者注
② 美国动物学家，长期研究山地大猩猩，《迷雾中的大猩猩》是她的代表作。——译者注
③ 立陶宛－加拿大人类学家、灵长类学家，她与珍·古道尔、戴安·弗西并称"灵长类研究三杰"。——译者注

传达的内容是什么呢？能人是最早的也是唯一的工具制造者。但实际上，就连能人的发现者也没有这么说过。更何况，根本没有任何证据可以证明津吉人从未做过"手工活"。我们暂且打住，不做辩驳，先继续接下来的论证。

既然能人拥有制作工具的新能力，古人类神经学家自然能在其大脑中发现实现这一能力的要素——逻辑。为此，他们研究了能人的颅内模，后者是颅骨的内表面模型，能记录下大脑留在那里的全部痕迹。请相信我，大脑痕迹真的都印在那里，观察颅内模甚至成了我的一个嗜好。在为数不多留存至今的能人颅内模上，有一块扩大的区域似乎是和语言相关的布罗卡氏区；他们的大脑似乎也和我们的一样，呈现为左枕突起型——向下俯视大脑时，右额叶向前突起的程度大于左侧和旁侧，同时左枕叶向后突起。如今，90%的右利手大脑结构都是如此。但我们并不能就此认为，"能人"愈发名副其实，即便他们第一个使用语言，是最早的右利手，还拥有和我们一般灵巧的双手。因为这里有一个大问题，我就快说到了。在标本屈指可数的情况下，它们是不能对比的。仅凭两三具标本，怎么可能得到左右大脑不对称的比例呢？我比较了现代人、几种猿类和现有的所有化石，以研究它们在解剖学意义上的特征。最先得到的结果是，对于人亚科而言，总体上，大脑的不对称性随着体积而增加。因此，能人的大脑呈现出更明显的不对称性，也与其脑容量更大有关。更重要的是，我发现倭黑猩猩的大脑具有和我们相同的不对称类型，只不过小一些。而在那之前，从来没有人动过测量它们大脑的主意。也就是说，这种不对称性在数百万年前就存在于猿类的大脑中了，所以，这并不是新能力出现的唯一原因。喔，能人的自尊心受到微微一击！

而且，我们如今已知道，南方古猿和傍人也能制作并使用工具。唉！能人在什么事上都没争到第一，越来越泯然众人矣！过于简单的解释不一定是最好的，这个故事就完美体现了这个道理。不过，也有好消息：津吉人已被部分还原。我很喜欢他的大脑袋，他身上还藏着很多亟待发掘的秘密。大家不必为能人感到悲伤，他仍然是一个重要的物种，也仍然是古人类学无数争论的核心，在未来，你定会听到更多关于他的消息。

站起来，
踏上征服世界的旅程

直立人，一个真正的人，彻头彻尾的人类！这么说可不是因为他的名字透露着强烈的男子气概。我们要避免"简单粗暴"的文字游戏，毕竟没有人能够验证其真伪。不，直立人之所以是前无古人般的存在，是因为他们的成就：他们第一个迈开了步伐，走上了征服未知世界的旅途。

直立人完成了人类历史上最伟大的迁徙，第一次走出了非洲！想象一下吧，在那之前，人类在这片大陆上蜗居了百万年之久。他们可能会在大陆内部走来走去，却始终没有人把头探出这小小的一隅，真是太没好奇心了！这样的状况持续到快200万年前，才终于画上了句号。那是历史的交叉路口，是人类历史的关键时刻，其重要性怎么强调也不为过。只花了地质时间尺度上一眨眼的工夫，直立人就离开了自己的出生地，把足迹布满

整个"旧大陆"。

可为什么是直立人？是什么让他们与先前的人类如此不同？毫无疑问，与同时代的其他人种相比，直立人有着极具优势的体魄，和那些浑身是毛的小个子"前人类生物"之间更是云泥之别。出土于肯尼亚纳里奥科托姆的那位少年生活在约 180 万年前，他足以说明一切。这具 1984 年出土的骨架非常特别，甚至称得上独一无二——对于一具如此古老的化石而言，他实在太完整了。这个少年年仅 12 岁左右，身高却已达到 1.6 米，根据专家的预测，如果能活到成年，他将高达 1.85 米，体重 68 千克。依据这具样本及其体型，人们估计出了其他地区出土的直立人化石的高矮胖瘦。简而言之，我们有理由认为，直立人的身量十分苗条；事实上，他们和我们很像，这再一次证明，他们向外迈出的脚步，正是踏上了通往"人"之路。

对亲爱的直立人，及其对史前史研究的贡献的这番描述，部分内容确实与事实相符。而且，你知道吗？直立人还是人亚科中存在时间最长的。他们最早出现在约 200 万年前，直到近 10 万年前才最终消失。一如既往，专家基于现有的化石得出的各种时间判定，观点也略有不同。除了智人之外，就数直立人的生活地域最为广阔。总而言之，他们是真正的大明星。说起他们总是让我难掩激动，因为在我最开始的研究工作中，主角就是直立人。那时，我需要根据扫描得到的数据确定直立人的颅骨与大脑形状，而扫描仪质量的今昔差别，就和第一代与最新一代《塞尔达传说》①之间的差距一样明显。好了，不说我了，还是言归正传吧。

上述这份小传讲述了直立人的主要光荣事迹，塑造的形象是如此正面，几乎把我们的这位先人写成了圣徒。然而，这里有一个严重的测量误差，影响并误导了后来几十年的相关讨论。问题来了：为什么一个不准确的简单测量会影响直立人的形象，让他走上头也不回的前进之路？

我们先从大方面说起。直立人是人类历史上第一个伟大的远行者，依靠自己的双脚，他们走出了诞生地。然而，正如我们先前看到的那样（见第 4 章），那不过是无心之举，并非刻意为之。直立人选择向新的土地前进，却并不知道自己正在离开一个被我们称为"非洲"的地方。当所有人都前往可抵达的最远处定居，这就不是迁徙，称之为单纯的生活区域扩张更合理。每代人只需前进一点点，几千年之后，也足以完成"跨洲旅行"。在一个人的一生的尺度上，这段行程看上去遥遥无期；但放眼一万年，每个人只要散散步就能完成。最早的直立人出土于格鲁吉亚的德玛尼西遗址，距今已有 180 万年；爪哇岛东部发现的一个儿童颅骨也是同样的年纪。他们之间的直线距离是 8791 千米（步行距离显然还要长得多，但我没量过）。这些化石足以证明，在我们看来几乎是在瞬间完成的领土扩张，确有其事。

"征服"的过程虽已了然，但一个问题仍然悬而未决：为什么是直立人，而不是先前的其他人种？直立人的远征或许受到环境变化的影响，也有可能是因为这些先生（及女士）之中发生过剧烈的人口变化。当然，形态不同也是原因之一——直立人和南方古猿已经没什么相似之处，身材及比例也与能人有所区别。然而，正是这最后一点，导致了人们多年来对于直立人的主要成见。

判断史前人类的年龄和身材是一件非常困难的事情（见第 5 章）。纳里奥科托姆的骨骼化石是最重大的考古发现之一，它距今约 180 万年，拥有 108 块骨头，是那个时代唯一一具算

---

① 日本游戏公司任天堂自 1986 年起推出的动作冒险游戏系列。——译者注

得上完整的标本。为了找到它，发现者们搜寻了 5 座挖掘现场中的 1000 立方米沉积物，从里到外筛了个遍。最后的成果没有辜负他们的努力。这具编号为 KNM-WT 15 000 的骨架被认定属于直立人的近亲——匠人。人们在这个问题上一直争议不断：有些人把所有化石都归入直立人的范畴；也有人觉得，匠人是直立人的先祖；还有很多人不发表意见，认为索性就用一开始的名称。但在本质上，这些分歧都不重要，无论如何，那些化石的主人都是在旧大陆上漫游的最早成员。所以，不如把目光直接投向这个大家伙。说他"大"，是因为关于他的第一篇文章认为，他去世时虽只有 12 岁，身高却已有 1.6 米。根据现代人的生长曲线，他在成年后将达到 1.85 米。

后续工作已经修正了这些数字。科学家们基于骨架的不同部分，用新方法重新估算了纳里奥科托姆男孩的身高。一项结果称，他死亡时身高 1.54 米；另一个结果则降至 1.5 米。他的年龄也被重新检查，最终，一项关于牙齿和其他发育相关指征的详细研究，把他从一个 12 岁的少年变成了只有 8 岁的男童。年龄正是变化最大的一点。古人类学家估计，与我们相比，这个物种能保持恒定的生长速度，结束发育的时间也更早。这一点非常重要，如此一来，我们就无法用健康手册里的生长曲线来猜测纳里奥科托姆男孩长大成人后的身高了。负责此项研究的科学家认为，如果这个男孩可以活至成年，他的身高大概会在 1.59 米到 1.68 米之间。1.65 米左右与 1.85 米，这就差得太远了！

最后一项修正涉及身高与体重的对应关系。一开始，人们认为他会长到 68 千克，然而一项最近的研究显示，1.8 米的身高对应的体重应为 82 千克。科学论断还是一如既往地变来变去，但考虑到这些结果都是复杂的多变量方程的近似解，有所改变也在情理之中。

简单小结：我们亲爱的纳里奥科托姆男孩年轻了 4 岁，估测成年之后的体型矮了 10 厘米，且胖了 10 千克。他在我们心中的形象改变了——直立人并没有很苗条嘛。不过，尽管没有模特身材，他们仍然第一个走上亚洲舞台，展示了自己的行走姿态。

你方唱罢我登场

20世纪70年代，人类的进化历程被简单地表现为一幅图示，并一直流传至今：只需用一条直线，把当时已知的少数几个物种连接起来即可。首先，南方古猿演变为最早的人类——能人，后者再生出直立人，就是我们的祖先。于是，这些人亚科成员之间都有了亲属关系。若要完全理解进化的模式和方向，我们只需要把更前面的部分补上。远古时期，生活在树上的小猴子是人类谱系的原点，后来，它们一点一点站起来，变成了南方古猿；接下来，南方古猿不断演变、成长，拥有越来越多的技能，最终进化成我们智人。这，就是人类的进化。

在那之后，人类有了许多发现，找到了更古老的人亚科化石、新的南方古猿以及预料之外的人属代表。但这些对于理解人类的谱系又有什么影响呢？重要的进化节点保持不变：最早的人亚科、最早的南方古猿属、最早的人属、最早的迁徙者，以及最早的智人种——还有一些分散各地的家伙，但无法打乱他们出现的顺序，最多只需添上每个物种的侧影。

　　再说了，问题也始终如一，比如，谁是最早的人亚科成员——我们所有人的始祖？人属由哪个南方古猿进化而来？谁又是智人的祖先？古人类学家的心中还萦绕着两个热点问题：能人是如何过渡为直立人的？这个最早的聪明人又是如何走上征服世界之路的？我的个人观点嘛，新物种要想诞生，旧物种必须消失，才能把地方腾出来。因此，几十年来，科学家们的目标恒定不变：搞清楚物种如何一个接一个交替出现。

　　这是大多数人对于史前时代最典型的刻板印象。如果我们做一个随机调查，让路上的行人描述人类进化的过程，那么他们大多会提到这一系列的人像侧影。假如在搜索引擎里输入"人类进化"，你就能意识到这是一场怎样的灾难：我们被这些排成一排、毛发或长或短的幽灵包围了，好吓人！这么说一点不算过分，因为通常而言，这些鱼贯而行的灵长类动物长相都不太赏心悦目。同时也请注意，他们都是男性形象。他们在行走，没有人知道他们要去向何方，但看起来前进就是目的。这张图被恶作剧地改编过许多次：有时，人类要么越来越胖，要么花在电脑前的时间越来越多；有时，人类最终成了冰球运动员（无疑是加拿大人的大作），或者变成了《星球大战》中达斯·维达，仿佛那就是人的最终宿命；有时，最后的那位步行者会突然回头，与后面的"人"开个玩笑。我们的插画师也为本书奉上了绝妙的形象。可问题在于，它们传达的部分想法是错的——这正是这本书要讨论的主题啊，我还是赶快还原真相吧。

　　这种呈现方式简单而直接，但其中存在问题。按照这一表述，物种间的演替似乎是一条直线。然而，真实情况并非如此。物种不是一个接着一个依次登场的，后面的不是前面的后裔，它们的出现也无须建立在前面物种全部灭绝的基础上。要理解这一点，我们首先得明白，新物种如何诞生。试想一下，在一个现存物种的内部，有一个孤立的小群体。它们离群索居，或许是基于地理原因，或许是由于气候变化，也可能是因为初始大群体的分裂或它们的迁徙。总之，因为总数很少，孤立的群体只带走了初始族群生物多样性和基因多样性的一部分。两个群体彼此的生活条件大不相同，应对环境的方式也迥然相异，因此，最终被选择的基因都不一样。小群体中各种潜在的创新只会在内部流通，因为规模小，所以流通速度自然很快。在一段无法估量的时间里（时间跨度根据不同标准有长有短，但在古生物学发现的尺度上，这只是一刹那），一个新物种诞生了。

这个新鲜出炉的物种只保留了原始物种的一小部分特征，因此不是原始物种的"后代"，而是进化的产物。另外，尽管这两个物种固然有亲缘关系，但只要双方仍然存在，就可以共同生活。这也解释了，为什么对于两个分开生活的相近物种，哪怕它们在形态上彼此大不相同，其基因依旧可以延续。如果这类基因交换极少发生，而且涉及的通常是无用的基因，那就说明它们的基因已经不能再完全交融，成为生物学意义上的两个不同物种。

多说无益，不如举例。我手头就有个很好的例子，能让一切显而易见。你知道最早出现的人种是什么吧？能人。第二个出现的呢？直立人。虽然存在的年代不同，但能人和直立人生活在同一片大陆上，且那时候没有其他人种。在人们的想象中，能人曾被视作直立人的祖先，直到两个化石在肯尼亚图尔卡纳湖的东岸重见天日。一边是下颚骨的碎片，属于能人；另一边则是颅骨的遗骸，属于直立人。后者的年岁倒是不让人惊讶，距今 155 万年，而前者却是迄今为止我们最"年轻"的一位能人朋友，距今只有 144 万年。没想到吧！这下子，全

世界都开始重新审视人类的进化历程，史前人类间的亲缘关系也被全面改写。既然能人比智人还要年轻，它就不可能是智人的祖先。真的是这样吗？呃，也不是。基于前面解释过的原因，最早人种的第一位成员比第二个人种的第一位成员更早出现（我希望你能理解我的意思），因此，我们也没有理由否认他们之间的亲缘关系。这就好像，我们有幸可以和长辈共同生活一样。

为了给这一章画上句号，同时证明我多么富有诚意，我将回答让古人类学家苦苦思索的所有问题：谁是第一个人亚科成员？人属是哪位南方古猿的后代？谁是智人的祖先？对，就这三个问题！

显然，除非未来有新的考古发现，否则第一个人亚科就是已知最古老的那位。没有比他更好的候选人了，尽管其他人种也都是我们的"叔祖"，是开启了人类历史的物种成员。事实上，这种形成物种的方式还意味着，确定古生物种间的亲缘关系是一项艰难的工作。每个物种只有寥寥无几的样本，各自依靠其他物种都不具备的独有特征"自立门派"。这样一来，基于彼此共同的特征，我们可以像处理傍人那样，将所有物种合并成大类。然而，确认血脉关系的尝试注定徒劳无功，因为在理论上，我们找不到共同特征，也找不到那些指向亲子关系的蛛丝马迹。正因如此，古人类学家始终不能就"哪位南方古猿是人属的共同祖先"这一问题的答案达成一致。智人的祖先也是同理：我们仍在直立人、海德堡人（Homo heidelbergensis）和罗德西亚人（Homo rhodesiensis）之间摇摆不定。这不是凭个人喜好就能确定的事，而是一个科学问题，所以，我们很有可能永远也找不到解答。正确答案是："没有正确答案。"我们有时候得学会表达，有时候得学会倾听，我也搞不清。

智人，尼安德特人，
谁更高级？

关于尼安德特人为何消失，这方面的理论简直数不胜数。各种理论倒是也有一个共同点，而且颇为重要。我们不妨看看那些最高明的设想，瞧瞧科学家们都提出了哪些绝妙的主意——无须赘言：科学家们可不缺想象力。

首先想到的答案是气候变幻莫测。4万年前，天气状况曾有过小小的改善，但随后就急剧恶化，把尼安德特人逼上了命运的转折点。后续情节更具创意：多亏一群外星人挺身而出，我们智人才成为唯一幸存的种族。异种交配是另一种解释：一些古人类学家提出，尼安德特人和智人杂交，被智人同化，并最终完全被这些新来者吸收。也有人认为，面对登陆欧洲的智人，尼安德特人退却了。他们既不暴力，也没什么侵略性，和大自然彼此交融，厌恶杀戮和争斗。相比于直面入侵者，尼安德特人宁愿越逃越

远，退居到越来越小的地方，最终消失。种族屠杀理论也发展了很多年，最后走向另一个极端：智人是尼安德特人灭绝的元凶。或者说，智人携带了一种可怕的病毒，引起了一场致命的流行病，最终导致尼安德特人全军覆没，他们一直独占的群落生境随即也落入现代人手中。现代人在那里捕获了多种多样的猎物，而尼安德特人先前却只把大型食草动物作为目标。总而言之，我们把他们的食物一抢而空！

　　还是把外星文明的介入先放到一边吧，毕竟，那是无法证明的，除非他们再来一次，并给我们带回一个尼安德特"表兄"。如果这一切都和外星"小绿人"无关，那尼安德特人的消失可能就是另一个能力超凡的物种的杰作了——我们，智人。我刚才说过，各种解释都有一个共同点，就是智人的出现。尼安德特人之所以消失，正是因为他们在面对智人时，显得能力太弱。智人凭借高超的本领战胜了他们，也让他们明白，到底谁是主宰。

　　让我们开门见山，先来宣布一个大消息：尼安德特人确实已经灭绝了。这一点确凿无疑。古人类遗传学已经表明，他们与欧亚大陆上最早的智人之间存在双向基因交换，但那仍然是极少的例外！尼安德特人没有与我们合为一体，作为一个人种，他们真真切切地消失了。为了防止你待会要感到失望，我还有一个重要声明：我不会说尼安德特人消失的原因是什么。对此我真的很抱歉，我不是因为暂时情绪低落而不想说，也不是见你一脸正经而成心捣乱，或者我忙着其他事要做……都不是。理由其实很简单：唯一且正确的原因并不存在。我接下来会解释为何如此。当务之急是回到这桩"罪行"的嫌疑人身上——他们甚至主动揽下罪名，因为智人就是智人。

事实上，在大多数试图解释尼安德特人消失之谜，且看上去有理有据的说法中，少不了我们智人的"戏份"。这些解释都从一个原则出发：智人更高级、更强壮、更聪明，而这有可能导致我们"表兄"的灭绝。但是，尼安德特人真的没智人机灵吗？为了让你看看这个观点到底多么有失偏颇，我将重新阐述事实，并提出一个问题，以此展现尼安德特人的消失是一个多么棘手的谜团，我们还有许多东西亟待学习与理解。我的问题是：尼安德特人在欧亚大陆上生活了足足30万年，且多数时候气候都寒冷无比，却在仅仅数千年间，就被一个刚刚走出非洲、仅能适应热带和亚热带气候的人种取代，这该如何解释？被这么一问，就看出不对劲的地方了，对吧？

尼安德特人能力几许、因何灭绝，并非几句话就能够道破，缺乏科学依据的解读也行不通——不客气地说，无论是能力差距还是气候变化，这两种论调其实半斤八两。据说，尼安德特人之所以灭绝，是因为其生育率低于现代人、婴儿死亡率极高、交流能力差、社会联系微弱、天气太冷，等等。但若要还原那个时代的人口状况，这些说法都无凭无据。比如，极高的死亡率是由单一事实推断而来的，即费拉西出土的几个孩童化石。他们的运气是差了点，但仅凭这一个考古现场的发现，就可以代表整个物种吗？况且，我们并不知道这些小朋友的死亡原因，也没有任何证据显示他们是同时去世的。这些化石存在于尼安德特人灭绝前一万年，尽管婴儿死亡率高，但这个物种毕竟也继续存在了很久，不是吗？至于糟糕的沟通能力和微弱的社会联系，我们对此更是一无所知。你或许在某篇文章中读到过，这两个特点可以由尼安德特人大脑的形状证明，但那完全是错误的。确实有这么一篇文章，不过作者使用了我的部分研究结果，还用错了。我可以和你打包票，直至今日，仅凭尼安德特人留下的大脑形状，没有人可以证明他们语言表达不佳或不善于处理人际关系。寒冷的气候也不是什么新鲜事。还有更好的解释吗？

种族屠杀理论也不是撒手锏，相反，它毫无威力可言。事实上，尼安德特人与智人在近东地区（那时候，那里还是个平静的地方）的共存史源远流长，在那段长达 5000 至 5 万年的时间里，两个物种的发展并没有受到"共存"的任何明显影响。反倒在欧洲，他们共同存在的痕迹十分有限。此外，这样一场大屠杀没有在任何考古现场留下蛛丝马迹，考虑到其规模，也很让人惊讶。最后，鉴于当时双方人口都很稀少，这个现象实在说不通。依然是基于人口原因，"致命流行病灭绝假说"也不太站得住脚。即使智人确实携带了某种可疑的新型病毒，同时自身对其免疫，但尼安德特人数量稀少，且从西到东的分布横跨数千千米，这样的疾病毫无机会感染全部人口，至于决定整个种族的命运，那更是无从谈起。

"智人比尼安德特人更高级"，在所有的集体想象中，这是最容易理解的一个，也是极其片面、错误百出的一个。智人延续了下来，并多少站稳了脚跟，便自以为高高在上、无与伦比；一旦智人到达欧洲，其他人种便只剩下灭绝这唯一的命运。不知不觉间，我们对这样的想法深信不疑。在这一视角中，尼安德特人在竞争中落了下风，饮食多样性与食物质量都不能与智人的相提并论，这让他们饿得要命，并最终真的要了他们的命！但实际上，智人显然没有将共同的生态系统吃干抹净（至少那时候还没有），否则他们自己也会因缺少食物而死亡。我们也知道，尼安德特人其实开发了非常丰富的食物资源，对各种动植物都来者不拒。总之，既然这是两个曾经相遇并且共同生活过的人种，那他们之间必然有过互动，也难免发起过某种形式的竞争。只是，现代人与 4 万年前的史前人类孰优孰劣，这样的比较毫无意义。尼安德特人不是 19 世纪时人们描绘的粗壮野兽，也不是如今有些人想象中的温和的傻瓜。他们并非没有智人优秀，也并非没有智人强壮，适应力也没有更差，他们绝不是低智人一等的物种。相反，尼安德特人其实很能干，甚至更适应当时的欧洲生活。若是尼安德特人还在，没准智人就难以"称霸"了？而遗憾的是，这种命中注定的消逝，正是所有生物的共同命运。

克罗马侬人，法国人的祖先

人们需要象征，需要能将大家团结起来的通用符号，没有什么比团队精神和共同起源更能带来命运共同体的感觉了。比如，说到我的祖国，什么才是最能代表法兰西的标志？若论实物，我们有法棍面包、贝雷帽和美丽的蓝白红三色旗；说起声音，我们有高卢雄鸡的鸣叫声和国歌《马赛曲》；在味觉方面，红酒、奶酪、蜗牛及各种佳肴让法式美食享誉全球；提到名胜，人们一下子就会想起埃菲尔铁塔、卢浮宫和先贤祠；在技术领域，电影和法国高速列车可谓交相辉映。还有一些特殊符号，比如地掷球运动和法国大革命时期的《人权宣言》。在今天，法国人的代表人物或许有苏菲·玛索、克里斯蒂娜·拉加德[①]、足球明星蒂埃里·亨利或我们的总

① 法国律师与政治家，现任国际货币基金组织总裁。——译者注

统；从历史上看，或许有夏尔·戴高乐、玛丽·居里、拿破仑、玛丽·安托瓦内特等人也都算数。最后，别忘了那些最伟大的符号，它们既能代表过去，也能引发法国人强烈的身份认同感：玛丽安娜、我们的祖先高卢人，以及克罗马侬人（Cro-Magnon）。

是不是有些不可思议？在这片六边形的国土上，法国人第一个身份归属感的象征正是克罗马侬人。他出土于1868年，是人们发现的第一个智人化石。这个发现让人精神大振，想象一下它的重要性吧！这样一个和我们同一物种、解剖学细节也十分相似的家伙，原来早在28 000年前就已经存在了。如此一来，法国的国民基因树就拥有了一个扎根于时间深处的神圣起源。过去150年间，我们被反复告知，这些欧洲大陆上的"新来客"就是我们的始祖；在这漫长的时间里，我们也习惯了这个说法。到了现在，它已自然而然地成为一个事实：克罗马侬人就是所有法国人的祖先！

克罗马侬人是法国人的祖先——这是一幅多么受欢迎的美妙图景，总能在法国人心中引起共鸣。然而，哪怕他真的能象征法国的民族身份，他也不是法国人的先人，或者说"先祖""曾祖父"——你用什么词都行。虽然他确实是这片土地上最早的居民，但没有一个法国人遗传了他的丁点儿基因。要想搞明白这件事，我们得从两个方面说起，既要重新审视考古实据，也得探讨身份认同的问题。

请注意，一大波事实核查正在袭来！克罗马侬人的独特性在多重意义上都不成立。"克罗马侬"一名来自其出土地点，那是位于法国多尔多涅省莱塞济－德－泰亚克市的一个岩洞，考古矿层丰富。1868 年的春天，人们在那里找到了至少 5 具遗骸。这些化石起初被误认为属于奥瑞纳文化（Aurignacien），即智人在欧洲的第一阶段，但实际上，他们距今不到 28 000 年，只追溯到格拉维特文化时期（Gravettien）。这是一次重大发现，我们第一次找到了属于本物种的化石。19 世纪的人类学家采用了描述性方法，致力于按照解剖学差异将人种分类。正是从那时开始，人们使用诸如欧罗巴人种、蒙古人种、尼格罗人种之类的词语。也正是在那个时期，这些和我们联系紧密的化石被用来定义一个种族——克罗马侬族。这样的划分方式渐渐深入人心，被用于指代欧洲所有的现代人古老样本。然而，这种方法难以避免诸多局限。当年，人们提出了那么多种分类，却从来没能在种族数量、标志性特征、时间与空间跨度等问题上达成一致。你知道这是为什么吗？原因很简单：人类是不可能以"种族"（race）来划分的。在法国的土地上，我们已经找到了比克罗马侬人更古老的现代人，更何况，欧洲的化石在时间上缺乏连续性，也无法同其他大陆上的化石区分开来。因此，"克罗马侬族"本身就不存在。我们不妨举一个直观的例子，看看种族的概念究竟为何行不通。

皮肤的颜色主要取决于表皮中黑色素的数量，同时也会随着纬度而发生变化。即使忽略"沙滩上闲散的日光浴时光"不计，赤道以南的人依然比赤道以北的肤色更深。然而，当我们将目光收回，无论身处何处，只需要看一看四周，就会发现这个论断不太奏效了。人口的历史要比一些人想象的更为复杂。一个地区的人口并非只有一个起源地，而是长期以来移民与杂糅的结果。10 多万年前，"祖籍"非洲的智人踏上了向外的征途，并于 4 万年前抵达欧洲。在人类学乃至基因方面，"法国人"这一概念毫无意义。白色皮肤也并非土生土长的"欧洲特色"，其基因起源一个在近东，另一个在亚洲，距今约 4000 至 8000 年。因此，在包括法国在内的欧洲大陆上，深肤色者——大名鼎鼎的克罗马侬人——的居住历史长于浅肤色者，后者直到很晚的时候才从东方来到欧洲。所以，生活在法国的人来自四面八方，从古至今都是如此。与此同时，古人类遗传学的研究显示，欧洲的远古智人化石没有参与现代人的进化，他们无声无息地消失了，没有留下任何痕迹。这就意味着，从时间上来说，克罗马侬人确实是上一批生活在这片土地上的智人，但他们不是我们生物学意义上的祖先。不过，这些先辈仍然值得我们骄傲！

话说回来，想要成为杰出的法国人，祖上必须得是"法国原装"吗？如果是这样，蒂埃里·亨利、玛丽·居里、拿破仑或者玛丽－安托瓦内特的名字就不会出现在法国人物杂志或者历史书里了。事实上，即使只往前追溯几个世纪，也没有人拥有100%的法兰西血统。"土生土长的法国人"根本不存在。

如今，所有人都属于同一个物种。我再说最后一遍："种族"一词于我们并不适用。这个概念暗含着人工育种的意味，就好像人类为了在狗、奶牛、猪身上突出特定性状时所做的那样。无可否认的是，人类并非一成不变，彼此间也存在差异。许多人——其中既有严肃的研究者，也有被意识形态和教条思想蒙蔽的人——试图将人类定性、分类，并找出个别群体独有的特质。所有属于智人的化石都拥有其他物种不具备的衍生特征。后来，颅相学也没能证明外貌和行为之间存在联系，最后只留下了一个好玩的俗语——"数学突起"[①]。抱歉，这样的突起也是不存在的。它和其他理论一样，都是人类学里狼狈的弯路。今天，我们都知道，现代人多种多样，无法根据颅骨区域面积、皮肤颜色或基因分类。幸好，现代人是可以杂交的，这一点已经被世界各地的男男女女验证了无数次。由于我们共同的历史，诞生地相隔数千千米的两个人可能拥有比一对邻居更相似的基因，哪怕后者的基因树世世代代都扎根于同一片土壤。我们国籍不同，语言各异，宗教和文化也大相径庭，但共同的遗传让我们在生物学意义上一模一样。这不是宣传用语，而是科学事实。但愿人类能好好思考这一点，并在未来实现真正的共存。

---

① "（颅骨上）有一块数学突起"，形容某人拥有很好的数学天赋。——译者注

危机四伏的史前生活

相比于我们现在的舒适生活，史前人类过的简直就是地狱般的日子。外部世界对他们虎视眈眈，到处都是如噩梦一般的陷阱。剑齿虎、熊、鬣狗、狮子、秃鹫，或许还有可怕的巨蟒，许多动物都垂涎着人肉的滋味。狩猎也是一个险象环生的活儿，因为他们不得不直面原牛、犀牛以及庞大的猛犸象。气候恶劣极了：非洲热得要命，欧洲却严寒刺骨。火山动不动就爆发，河流也尤其凶险——露西等许多化石都是在水里发现的。为了和人类作对，大自然可谓不择手段！人类要对付的还不止这些，附近的部落也在蠢蠢欲动，时刻准备着为领土和火种而战斗。危险无处不在，人类在掠食者、自然灾难、战争、疾病的围攻中艰难生存，年纪轻轻就会死去。

为了自卫，史前人类给自己装备了简陋的武器。他们试图用木棍击打

谣言！

大型食草动物，或者用燧石做成的尖头恫吓老虎！没有房子，没有保护，他们不得不日夜保持警惕。他们不会种菜，尚未发明出超市，只能不停地转移阵地，为了果腹而四处流徙。所以，斗争就是他们（短暂）生命的日常，只有这样，他们才能对抗各种威胁，找到食物，存活下去。管他们所处的时代叫"野蛮年代"不是没有道理！总之，这就是我们常常在书中或电影中看到的史前生活环境：一个危险重重的世界。看来，事实确实如此。

好可怕的图景！我们不妨看看，史前生活真有那么糟糕吗？这个话题中充斥着各种先入为主的成见，要想搞明白，就得把它们一网打尽。那么，旧石器时代到底是地狱，还是天堂呢？

到处都是长着尖牙利爪的掠食者，真的吗？其实，掠食者会避开成群结队、携带武器的人类，它们宁愿攻击一些更易得手的猎物。在化石记录中，并没有多少证据指向与动物袭击有关的人类死亡事件——当然，可以留作证明的，本来也只有骨头。比如，意大利瓜塔里的考古现场出土过一个底部破碎的尼安德特人颅骨。这桩恶行的始作俑者被确认是熊，但没有任何证据表明，这种跖行动物杀死并吃掉了这个人。在我们最古老的祖先之中，千年人属可能曾经沦为猎豹的口中餐，汤恩幼儿也可能是鹰的砧上肉，但那其实非常罕见。反倒是史前人类的食物残渣中，常常出现大型捕食动物的碎块，既有野兽的皮毛，也有猛禽的羽毛，还有大鱼的鳞片。当然，恐龙不在其列——正如我们前面所看到的，它们在人类出现之前就已经消失了。对于食草动物，史前人类也发展出了高效、因地制宜的猎捕策略，营地中发现的骨堆就是证据。多亏了同位素分析法，我们现在已经可以证明，斯皮洞穴的那位尼安德特先生是一位小心谨慎的老饕，平生最爱猛犸象肉排！

事实上，人类的装备堪称精良。无论是哪一个人种，其开发工具的历史都可以追溯到数百万年前。正如考古记录显示的那样，克罗马侬人、尼安德特人和直立人能够使用各式各样的工具，都是优秀的猎人。早在160万年前，人类就制作出了号称"史前瑞士军刀"的东西，就是那著名的"两面器"，它在很多场合都能派上用场。火，也是隔绝危险的一大法宝，它可以赶走夜间的不速之客，消灭食物中的病菌和病毒。况且，众多迹象显示，不同地区的人群之间存在着交换现象。在发明战争之前，人类肯定已经发明了商业，可见，交流比暴力更重要。

史前时期的环境确实发生了变化，但还没有到影响人类生活的地步。而且，相比于今天，当年的气候变化尺度要小得多。那个时候，气候对人类造成的危险，还没有今天特朗普对气候构成的威胁大。说到自然灾害，史前人类其实并不像我们想象的那样，会频繁造访极端之地。活得好好的，为什么要跑到酷热的沙漠或寒冷的冰原里，自找迷路呢？那是傻瓜才会干的事。火山对于测定地质层的时间非常有用，但人类从不会爬上去，然后一脚踩进岩浆里。但水流是古人类学家在找寻化石时的最佳助手，它能够促进物质沉积，是骨头得以保存的福地。大部分人亚科化石之所以会在古老的湖泊里或者河床上重见天日，原因就在于此，而这并不代表那就是他们的溺毙之地！同样的道理也适用于野兽巢穴中发现的骨头，化石的主人未必是被野兽生吞活剥的猎物！在通常情况下，沉积层可以反映食肉动物间的更迭，比如狮子、鬣狗、熊……以及人类，因为所有这些迷人的生物都曾生活在那里，只是时代不一。用"捕食行为"来强行建立人骨和动物骨头之间的关联，这种逻辑不完全符合事实。其荒唐之处，相当于发现了坟墓中十万年前的人类，却硬要说他们是被从天而降的神秘沉积物活埋的，或者，就因为现场刚好有很多火山灰，就一口咬定发生过一场类似于庞贝古城经历的灾难！

　　史前人类并不都死于意外或灾难事件，哪怕他是一具化石——那不过是死亡的个体。大多数时候，我们不能识别并确认死亡原因，也无法知晓他们究竟是在化石出土地点死去的，还是其尸体被水、食肉动物或其他人移动到了这里。当然，相比于现在的欧洲人，史前人类的平均寿命要短得多：他们的平均寿命大约在 40 岁左右——该估计值也因人而异，由于缺乏人口数据，这其实只是个假设，并不是经得起科学论证的确切数字。若是非要做个比较，40 岁相当于现代猿类的平均寿命，而法国人则平均能活到 82 岁。具体到个体层面，各物种中某些化石的岁数肯定不止于此。需要注意的是，某些地区的舒适生活限制了人们的视野，我们对寿命的看法是片面的。比如，2016 年，塞拉利昂人平均仍只能活到 50 岁左右，另有 6 个非洲国家也与这个水平大致相仿。更让人震惊的是，直到一个世纪以前，法国人的平均寿命还只有 48 岁，在那之前更是从未超过 40 岁。毕竟，如今能长命百岁的大多是发达地区的居民，尤其是女性。不过这也是个最近才出现的现象。

　　最后，让我们来谈一谈史前人类的饮食——全天然、纯有机、无加工，与现在大行其道的健康膳食完全不是一回事！史前时期的食物琳琅满目：当日特供肉类，来自天然生长的动物，全散养认证的禽类、非转基因浆果，还有永远野生养殖的鱼——各式食谱的原材料就是这些。人们知道哪里的水新鲜、纯净而清澈，也会根据季节调整生活方式。当然，人生并非都如玫瑰般美好，资源匮乏、气候糟糕的时节间或来到，意外事件也时有发生，但我们可以肯定，即便生活在不那么"野蛮"的年代，要烦恼的事情也不少。

"东区故事"之人类的起源

"东区故事"——哪怕你对莎士比亚的经典台词一无所知，这个词组也总能唤起宏大的离思和冒险情怀。电影迷朋友们，请不要把它和那部有史以来最伟大的音乐喜剧《西区故事》（*West Side Story*）搞混，若不是后者的情节设置在美国曼哈顿西部而非东部的某个社区，它们的名字确实差不多一模一样。只不过，我们要讲的故事上演于更久远的时代，在一片宽广得多的地方。音乐剧的主人公玛丽亚黯然退场，把舞台让给此处的女主角——露西。我们要向伊夫·柯本斯致敬，他是发现了露西的"星探"，也是"东区故事"这部长片的编剧。剧情梗概如下。第一幕发生在1000万年前东非一个被称为"大裂谷"的地方，那是一片高低起伏的区域，有着地质断层、山峦和峡谷。它们像一座巨大的屏障，把非洲大陆隔绝为东

西两边。如此一来，两个世界出现了，条件和环境都大不相同。

随之而来的，是全然不同的进化历程：两伙人马遥遥相望，彼此对立，这便是第二幕的主题。在西边，古老而潮湿的热带雨林绵延无际，各种资源应有尽有，那是大猩猩和黑猩猩祖先的天下，它们过着富饶却一成不变的生活。东边却更干燥，树木也很稀少，就是这样的条件孕育出了人亚科。人类出现了，为了生存，为了看到稀树草原的另一边，他们不得不站立起来。于是，除了在残留的树枝间晃荡和在地面上摇摇摆摆地移动，他们还多了一种新的舞步。资源分配状况也因此完全改变，支配权落入这些后起之秀的手中。最后，大明星露西登场——全剧终。

大家或许听说过这个理论——东区故事。这个美妙的故事诞生并发表于 1974 年，由荷兰动物生态学家阿德里安·孔特兰倾情打造。人们会对它有所耳闻，则要多亏伊夫·柯本斯的大力普及。柯本斯是法国人的"国民古生物学家"，因发现南方古猿而声名远扬。这个理论可以同时解释许多事情——说起来，一个理论能达到这样的效果，着实不错。按照它的说法，南方古猿之所以只在大裂谷——那道著名的生物地理学屏障——以东被发现，是因为他们只在那里生活过；正是基于大裂谷两边气候与环境的差异，人亚科和诸如大猩猩与黑猩猩之类的其他动物才开始各自进化。其实，这个理论阐明了人亚科诞生的意义和原因：他们站立起来，既是为了弥补生活区域里树木稀少导致的行动不便，也是为了望向稀树草原的另一边。这一论断得到了化石记录的支持，也与对数百万年间气候的研究成果相符。可以说，这个剧本写得真不错！理论就是这么建构起来的，但还要有另一特质：经得起验证！

本书已经写到了第 18 章，我已无须再试图用文学修辞勉力维持悬念感。你想必已经猜到，这个理论经受了新考古发现的检验，并被证伪。

乍看之下，大裂谷确实是人类的摇篮，因为那里发现了许多考古遗址。对此，有两种（或三种）可能的解释。第一种，也是最主要的一种，人亚科下属各物种曾在那里生活了数百万年，那是他们最喜欢的游乐场之一。第二种解释认为，大裂谷考古成果丰厚，只是科学家将那里视作挖掘重点的自然结果。最后还有个不错的补充解释：这个地区的化石保存状况及研究条件都非常优越。为数众多的沉积层从史前留存到现在，它们厚度高、暴露面大，且很好接近。它们由河流和湖泊的延伸部分沉积而来，作为人亚科化石可能的藏身之处，是比海底的沉积层或熔岩流更好的存在。总而言之，古人类学家想要的，大裂谷应有尽有：大量用于寻找化石的砂岩，以及时不时能找到人类化石碎片的可能性。

然而，有迹象表明，这个故事实在过于美好。大裂谷形成的屏障显然没能隔绝所有的脚步：在大裂谷两侧，瞪羚属中的某些物种并无差异，与南方古猿同时代的部分猪科动物也相似得出奇。如果连猪都能成功跨越这道屏障，那它似乎没有多么固若金汤。在远离大裂谷的非洲南部，其实也有南方古猿的踪影，既然他们能够抵达南边，就没有足够的理由认为，他们无法前往西部。另一个难题也凸显了出来：随着考古发现的增加，人们意识到，部分南方古猿也生活在森林区域。这样一来，双足行走未必就是气候变干引起的进化成果了。各种各样的化石相继出土，呈现出迥异的形态特征，这说明，为了适应双足行走，他们并没有一步到位地进化出相似的体态，而是朝着不同的方向调整。其实，所有猿类都能轻松地利用后肢移动。双足行走及其相关性状可能只是既有能力的升级，而不是人亚科在诞生之际，一次唯一且彻底的本质变化。大猩猩与黑猩猩祖先的遗骸在世界各地都极其少见，而一些可能属于古猿的元素却在大裂谷的东边出现了。总之，西边的灵长类动物都经历了什么，没人说得准。那真是个"无人区"吗？这个理论当初之所以能站得住脚，是因为传统的东非南方古猿仍是那时最古老的发现。显然，这样的地位没能维持太久。

关于大裂谷以西的研究很少，人类的遗骸也十分稀有。因此，即使在西部找不到蛛丝马迹，也并不意味着人亚科从未去过那里。1995 年，米歇尔·布鲁内的团队在乍得发现了阿贝尔——南方古猿湖畔种（Australopithecus bahrelghazali）的痕迹。那是一块牙槽骨碎片，明显属于南方古猿。这是第一个足以证明人亚科也在非洲中部活动的标本。奇怪的是，乍得位于大裂谷西边，相距 2500 千米之远。这样的地理分布虽然让人困惑，但必要之时，仍可被纳入"东区故事"的理论框架中：只需假定，源自东非的南方古猿在之后四散开来，先往西走，后来又朝南非进发。然而，科考团队在 2001 年的新发现给这个理论带来了致命一击：他们发现了图迈（乍得沙赫人）。这块化石依旧出土于乍得，却要古老得多，距今足有 700 万年。因为图迈的闪亮登场，人亚科这出历史剧的剧本被彻底打乱，舞台变得更大，时间线也被拉长。

现在，我们已经知道，要想解开人类的起源之谜，我们所熟知的历史不过是沧海一粟，还得回溯百万年；已探寻的土地也不过是冰山一角，仍得探寻千万里。当务之急，是把这段历史改编成一出《西区故事》那样的音乐剧！

洞中有厅堂

穴居人——这个表达虽然老掉牙，但听起来不错。它似乎是个全球性词语，每个人都明白它的含义。即使我们并不知道这个词起源何处，它的意思也显而易见，不是吗？它差不多就是"史前人类"的同义词。这很合理啊，这些人没有房子，想必也没有建房子的能力，只能住进现成的居所，也就是山洞里！我们不妨一起想象一下那个画面：一个史前人，拿着棍子，住在石器时代的一个山洞里。这个画面在我们的脑海中挥之不去。我相信，亲爱的插画师能绘制出前无古人的作品。奥利维耶，请你依照大家的想象，画一个完美的穴居人，可以吗？

山洞显然是这幅画面中最重要的元素。它应该是个宽敞的洞穴，足以住下所有人。但是，它又不能太大、太高，因为那样一来，取暖，尤其靠

着那个时代的技术取暖，就会变成一大难题。所以，那最好是一个规则的长管状洞穴，大小适中，人恰好可以在其中自如地行走。食品储藏室设置在洞穴一角，里面存放着食物补给。而这些食物又会产生残渣，一些骨头想必残留下来，从中可以一窥他们的最后一顿大餐。若是想象一下他们吃下了怎样的庞然大物，就太惊人了。鉴于考古现场骨头的数量，我们还可以肯定，他们从来不打扫卫生。至于装饰，他们有岩壁上的涂鸦和钟乳石（当然，都在山洞内部）。一团燃烧旺盛的火苗也必不可少，它兼有取暖、照明和烹饪三重功效，还能将夜晚的狂欢时间拉长。别忘了再画几个穴居人，身着野兽皮，手持长棍。好了吗？你画出来了吗？这就是一个堪称舒适的穴居人之家……

在普罗大众的想象中，穴居人是史前人类的一个经典形象，流传甚广，且从未受到质疑——这就足以说明它有多么深入人心了。我们不妨稍后再列举这个形象的荒诞之处，先来看看，它究竟为何被广为接受。史前史是一门古老的科学，人们从 150 年前就已开始对史前人类寻根究底。对于一门学科而言，这段历史算不上多么悠久，但足以让人印象深刻。在那之后，挖掘工作遍地开花，考古发现也层出不穷。法国的地质、地形和环境丰富而多样，正好对应着史前人各种各样的生活场景，也因而成为史前学家的福地。洞穴、甬道或山洞中的确都留下了旧石器时代的证明。一些遗址虽已出土多年，但由于各种原因，始终没有被人忘记。比如，圣沙拜尔的那位尼安德特仁兄是 1908 年在一个"布菲亚"中被发现的，这是当地人对小型洞穴的称呼，它的高度有限，人在其中无法直立。1940 年拉斯科洞穴的重见天日更是轰动一时，这座"史前西斯廷教堂"中的作品是那么宏伟壮丽，根本无须赘述。在此期间，其他"洞穴"也显现出曾被占用的迹象，同时展露出留在其中的艺术作品。正是基于如此丰富的史料，"史前人类生活在山洞中"的观点才建立了起来。但，事实果真如此吗？

　　穴居人真的只是个美好的刻板印象吗？事实上，史前人类几乎从来不在山洞的犄角旮旯中定居，我们看待法国考古遗产的本土视角应当为这个形象的产生负部分责任。世界上的很多区域是没有山洞的，一再被视为人类摇篮的东非地区就没有这种山洞；也没有哪个山洞的甬道中发掘过南方古猿、能人或者直立人的化石。把时间拉近一些，在旧石器时代晚期，智人已经大面积占领了东欧与俄罗斯的广阔平原，但放眼望去，那里也没有洞穴。生活在法国的史前人类经常在岩洞内或者山洞口安家，这当然是个舒适的选择。然而，认为这类住所数量众多，其实是个存在偏差的判断，因为它们只是更容易被我们发现而已。相比于河边，附着在岩壁上或山洞入口处的沉积物保得更好。那些处于露天环境的住所，由于沉积物通常寥寥无几，因此难以留下蛛丝马迹。山洞附近的考古现场不但保存状况更好，找起来也方便得多。比如，20世纪之初的史前学家就曾走遍了法国佩里戈尔德的全部山洞，以寻找史前文明的每一丝痕迹。相同的事情在其他地区也屡见不鲜。洞穴学者是了不起的发现者，寻找过往时光的证据就是他们的激情所在。反过来，在预防考古[①]发展起来之前，无论是在河床上开采砂矿的采石工人，还是为修路而挖掘基坑的工程队，大概都对旧石器时代的那些人工制品都缺乏兴趣。

　　山洞能住人吗？实际上，这是个值得考虑的问题。长时间生活在山洞底部，并不是一件多么惬意的事。里面又冷、又湿、又昏暗，显然不是理想的生活环境。你可能要说，点堆火不就行了，既能取暖，又能照明。可是问题在于，烟雾很难散出去，虽然暖和，但里面的人会难以呼吸。

---

①　法国近30年发展出来的一种考古形式。在进行基建开发时，由专业考古机构预先对其占用的土地进行评估，必要时组织专业考古人员发掘，而不是发现文物后再进行抢救性发掘。——译者注

人居住在洞穴中，这个观点是错误的，因为说到底，过去没几个人能找到山洞那样的现成住所——它们并非到处都是，更重要的是，住在里面一点也不好！

洞穴之于人类，并不尽如我们所想。的确，人类时不时会钻进山洞里。是时候展示一些案例了，你会看到，在那个不流行半途而废的年代，他们做的事有多让人叹为观止。第一类作品是石洞壁画杰作。人类虽然不会在山洞中长期居住，但有时会把它们作为自己的"艺术工坊"。拉斯科洞穴、科斯奎洞穴和肖维岩洞，它们如此美丽。我多么希望请插画师为读者们画出它们的样子，而不只是画出先前那些"戏仿图"……没有人知道这种艺术形式为何会出现在那里，旧石器时代的精神世界对我们来说仍是未解之谜。这还不是全部，有的洞穴甚至不符合"洞穴"的规定。比如，曾经出土 9 具尼安德特人化石的伊拉克沙尼达尔洞穴。那确实是个山洞，不过是个"非典型山洞"。它的长、宽差不多各 50 米，高 15 米，还有厚达约 15 米的沉积层，里面全是考古遗迹。简而言之，这是一个和波音 747 一样宽、比 5 层楼还高的山洞。洞内环境优美，没那么冷，也不烟熏雾绕。最后，还有一个独一无二的案例——在法国塔恩－加龙省布鲁尼盖勒山洞，在距离入口 336 米的地方，有一个由尼安德特人在 176 500 年前建造的一个圆环结构，它由 400 根石笋彼此叠加而成，总重量超过 2 吨，上面还残留着灼烧的痕迹。这个圆环结构的用途、角色或仪式性意义，我们全都无从知晓。

这些例子全都说明，史前人类绝对不是待在山洞里的傻瓜。毕竟，并非所有人都有画出壮丽壁画的本事，也不是每个人都会借着手电筒的微光，前往数百米深的甬道探险。要不，你自己来试试？

无肉不欢的尼安德特人

"人如其食"，这句格言在史前人类身上得到了充分应验。树根、坚果和块茎专属于南方古猿，肉则是尼安德特人从不犹豫的不二之选！至于直立人，哎，我对他们的饮食毫无了解。不过没关系，那不是重点。还是把话题拉回我们的"超级噬肉者"——尼安德特人。那时候，土豆尚未被发现，薯条也未被发明，他们除了牛排、羊腿和牛排骨，就没什么可吃的了。有些人或许会感慨：那真是个美好的年代啊！实际上，直到智人出现，人类才终于拥有了丰富的食谱和精致的饮食，还开创了美食学。问题来了：尼安德特人为什么只吃肉呢？

尼安德特人生活的那个年代早在新石器时代之前，农业也尚未诞生。因此，谷物是不可能有的，蔬菜更是少见。而且，由于气候极其寒冷，植

谣言！

被也十分稀有。在后世的描述中，他们不总是一副"雪原行路者"的形象吗？尼安德特人靠狩猎和采集为生，可在那样的冰河时期，你能指望他采集到什么呢？他只能吃肉，肉让他填饱肚皮，至少能让他活下去。此外，在和那个年代有关的考古现场中，动物骨头成堆出现，却没有植物的痕迹——这是当然了，植物根本就不存在嘛。对骨头的化学分析（据说是同位素分析）结果表明，尼安德特人是最凶悍的捕食者。他们吃下的肉，似乎比狼、鬣狗和穴狮还多。他们甚至出现了同类相食的现象——指向食人行为的线索比比皆是！而根据一位研究者的总结，这可能正是尼安德特人灭绝的原因。倒不是说他们互相残杀，且把彼此吃了个精光（这种情况只在《饥饿游戏》中成立，现实中绝无可能），而是说，由于不断滥食同类的大脑，他们会死于一种海绵状脑炎，也就是疯牛病。

　　饮食指南里都说了嘛，肉不能吃太多。

　　过去的人类如何活动，是一件难以考据的事。你知道，本书为了讨论这个话题，可足足用了一整章的篇幅（见第 7 章）。那么，我们到底是怎样还原出"尼安德特人只吃肉"这一形象的呢？是否有考古数据加以证明？其实，认为肉食可以满足一个人种在几万年间的全部需求，这个假设本身就令人惊讶。从早饭到晚餐，翻来覆去全是猛犸象肉排、原牛排骨或者马肉片，这样的饮食结构也太奇怪了。一整个世纪以来，人们满足于胡蒙乱猜，才会先入为主地给亲爱的尼安德特人套上这样的成见。让我们依托理性，跳出循环论证，开启有趣的解谜阶段吧。

　　尼安德特人意味着冰河时期，意味着无边无涯的寒冷。猛犸象是那片冰天雪地最美丽的代言人，除此之外，还有驯鹿、披毛犀和野牛——总之，都是各种大型动物。但你对这个环境有更明确的概念吗？在想象中，我们总是将尼安德特人这位"欧洲前辈"和冰期的概念联系在一起，却把回暖期，以及欧亚大陆大半地区温度回升的事实忘得一干二净。受某些研究者言论的影响，流行的观点放弃了对问题本身的多样性探究，却将它大而化之。因此，一说到当时的环境，就是山峦、冰川和荒原，反正是一片广袤无垠的纯净天地。在这片近似虚无的荒漠中，只有一些动物嬉戏的身影，仿佛是巨大白色画布上的深色斑点。所谓极简主义艺术，莫过于此。你会把这样的画面和植物联系起来吗？不会的，因为大多数情况下，在人们想象中或在电视上看到的尼安德特人的典型生活环境，就是这样一望无际的白雪，没有植被，顶多有 3 段冰冻的干枯树干。于是，一种逻辑推理由此产生：尼安德特人只能就地取材，肉便是他们唯一可以入口的食物！你发现这个推理的漏洞了吗？如果尼安德特人只捕食大型食草动物，那么这些动物是靠什么食物活下来的呢？毕竟，谁都没见过犀牛追马，或者原牛吞食高鼻羚羊（一种寒带地区的小型羚羊）。顾名思义，食草动物是需要植物来填饱肚子的，如果地面上覆盖着经久不消的冰雪，它们又怎么可能找得到食物来源呢？于是，一个谜团就此破除：尼安德特人生活的地方也是有植物的——幸好幸好！然而，怀疑论者又抛出问题：植物即便存在，可他们吃吗？

人们之所以会在尼安德特人的饮食问题上形成这样的成见，还有另一个原因。尼安德特人是"肉食大户"的结论，其实是拜近 15 年来同位素分析的结果所赐。这种技术基于如下原理：在自然环境中，某些化学元素（比如碳和氮）存在不同的形式，它们会被植物吸收，进而被以这些植物为食的动物吸收。由于自身性质和气候条件不一，不同植物对碳同位素的吸收程度也各有不同。因此，碳元素可被用于确定生物所处环境的类型及其饮食结构。氮元素也存在于大气之中。从植物到以这种植物为食的动物，再到吃下这种动物的另一种动物，机体组织中不同形式的氮元素比例是不断上升的。于是，在一个地区中采集到的来自食物链各个位置的物种数据越多，就越容易确定这些物种在食物链中各自的位置，以及谁吃了谁；同时还能了解它们究竟是食草动物、食肉动物还是杂食动物。通过整合比利时斯皮洞穴和戈耶洞穴中出土的约 4 万年前尼安德特人的全部数据，最新的一项研究更为细致地还原了他们的饮食结构。结果表明，他们的捕食策略与居住在同一区域的其他捕食者不同。他们偏爱大型食草动物，比如猛犸象和犀牛，但植物在饮食中的比例也达到了 20%。当然，肉仍然很多，而且最主要的来源还是这两种动物——也是够惊人的了！只是，记录在案的一两个案例，未必就能代表这个物种所有成员的多样性。至于证据嘛……

另一些方法和样本补全了更多信息。在伊拉克沙尼达尔洞穴和斯皮洞穴中，尼安德特人牙垢里的微体化石说明，他们曾经吃过蔬菜、大麦、块茎、树根、椰枣，甚至睡莲。西班牙艾尔席卓恩遗址中尼安德特人的牙齿，更是透露了主人生活方式的不少新秘密：他们的牙釉质明显发育不全，而这种微观缺陷说明他们曾经历过营养不良的时期，并不总能填饱自己的肚皮；牙垢则显示，他们的饮食主要由各种植物组成，其中一些还以药用价值而闻名，比如具有消炎功能的洋甘菊。总之，研究表明，那个年代的食谱里存在形形色色的食物。尼安德特人有时确实会同类相食，但幸好，那是极少的特例。最后，让我们以一个奇妙的普雷韦尔[①]式"食物盘点"作结：

贻贝、牡蛎，各种贝类，

淡水鱼和海鱼，

植物茶、海豹肉、海豚肉，

蘑菇、松子，

青霉菌（一种含有天然抗生素的真菌）、杨树芽（其包含的水杨酸是阿司匹林的主要成分）……

至于还有什么别的"非肉食"，敬请期待下一期"饮食大揭秘"。

---

① 雅克·普雷韦尔（1900—1977）是法国著名诗人、歌唱家、电影编剧。他曾写过一首名为《盘点》（*Inventaire*）的诗，其中列举了许多无明显联系的事物。——译者注

冰河时期与猛犸象

在所有不可思议的史前动物中，从松鼠数到剑齿虎，没有什么比猛犸象更雄壮的动物了——这一点毫无疑问！我坦白，这个评价非常主观，但萝卜青菜，各有所爱嘛。不过，这种长毛象确实让人印象深刻。不管是作为装饰性元素，还是充当沙发上的"取暖抱枕"，又或者是出演动作电影，它都是最好的选择。承认吧，猛犸象的确有令人值得痴迷的地方。假如你有机会和这个旧石器时代的巨兽面对面，用自己的鼻子顶住它的象鼻，你就会认识到自己的渺小，以后再也不"充大个"了。可惜，它们过早地离开了我们——全怪气候变暖。

让我们回到这头大宝贝最光辉的岁月。尽管那时候的欧洲仍是不毛之地，猛犸象的日子却过得怡然自得。当时，广袤的冰层覆盖了这片大陆。

"过冬服"已不足以抵御这样的气候，动物们全都换上了"冰川服"。简单盘点一下，这样的动物有高鼻羚羊、驯鹿、披毛犀，还有因体毛不够穿着猎物皮毛的尼安德特人，以及猛犸象。猛犸象与寻常动物全然不同：厚厚的脂肪层和皮肤，再加上由长毛构成的浓厚皮毛，保护它不被寒冷侵扰。这是最高级别的独立防寒保护，防护效果比保险箱还好。不过，请注意，我们亲爱的朋友猛犸象为了适应环境，还使出了终极一招：它进化出了肛门瓣，用来堵住并且保护自己的同名孔穴——我就不请插画师把它画出来啦。在此基础上，若再添上硕大的长牙和远超所有现代象的"XXL 号"超大体型，一个雄伟的史前巨兽就出炉了。他们的基本需求不高，无非是在一望无际的白色冰封荒原上，举着鼻子，快活地散步。

　　在这幅猛犸象的肖像画中，不少地方都与事实相符。必须承认，有了冰冻的个体化石，还原公允的形象就变成了小事一桩！我们不妨从猛犸象的谱系着手，深入这头庞大动物的细节。事实上，"猛犸象"是一个大类，下面还可以细分为许多物种。它们都属于长鼻目大家族，今天的大象也是其中一员。只不过，无论哪一种猛犸象都不是非洲象或亚洲象的祖先——在留下任何后嗣之前，它们就已经灭绝了。还是说回我们这一章的明星，那位浑身长毛的伙伴。它的学名为真猛犸象（Mammuthus primigenius），在某种意义上，"长毛象"是它日常行走江湖的小名。拉丁文 primigenius 的意思是"第一"，因为在 18 世纪第一批化石出土的时候，它们被公认为最早的"大象"化石，还被视为现代大象的始祖。当然，我们现在已经知道，它们并不是最古老的存在，和 21 世纪的长鼻目动物也毫无关系。总之，它的学名并不恰如其分，反倒是"长毛象"这个小名更为贴切。事实证明，这头巨兽给自己搞出了一副最强抗寒装备，足以蝉联法国巴黎雷平发明展（Concours Lépine）"生存适应大赛"的冠军！它的皮毛分为两部分：表层是长长的"被毛"，底层则是细小而厚密的绒毛。与此同时，猛犸象还是一个活生生的案例，证明了与低温环境适应性相关的两大生物学法则——艾伦法则和伯格曼法则。根据艾伦法则，为了尽量减少暴露在寒冷中的面积，动物的肢体和器官都倾向于朝短小化的方向发展。猛犸象腿部粗壮，耳朵和尾巴很小，在和现代大象的两相对比之下尤为如此。比尔格曼法则认为，体型越大、越圆，防御寒冷的效果就越好，这是因为，体积的增长速度是大于表面积的，所以身材越趋于球形，体内产生的热量越多，表面流失就更少。若是把北极狐和赤狐，或把北极兔和欧洲野兔放在一起，除了颜色不同，它们的主要差别在于，北极的两位仁兄体型更大，它们的欧洲亲戚则更显纤长。至于肛门瓣，其实也是真实存在的：猛犸象确实拥有这样一个用于自我保护的结构。坊间传言，在 19 世纪被公认为最古老的史前动物的这一结构，一度让史前学家们非常困扰，因为他们根本不认识这个奇怪的构造。毕竟，大象身上不存在这样的东西，当时也还没找到任何冰冻的猛犸象样本。但是，那些壁画确实栩栩如生地还原了猛犸象的样子，可见当年的史前画师们多么关注细节，又多么了解周边动物的身体结构。

有了上面这些极其严肃的科学知识作为铺垫，接下来就轮到我大显身手了：我要用寥寥数行字，推翻有关史前时期流传最广的谬论之一，一个几乎所有人都搞错了的事情！

请在眼前勾画出一头长毛象——请在它旁边留点地方，再放下一头非洲象。好了，想象出来了吗？猛犸象的耳朵更小，尾巴也更短，不过这都不要紧。两头象的鼻子倒是差不多，长度至少得触及地面。猛犸象体型更圆，体积更庞大。而完成这幅肖像画还需最后一笔，这一笔出人意料，定能让你大吃一惊，颠覆你心中的固有形象。注意了：长毛象和非洲象一样高！是的，我们这位浑身是毛的朋友的身高并没有超出非洲象一倍。又一个谜团终结了——长毛象不是巨大无比的怪兽。

　　这就是关于猛犸象的全部真相了吗？显然不是，但若是巨细无遗地说个遍，这几页纸肯定就不够了。所以，我们还是立刻切入主题。下面是一些不可思议的猛犸象小知识，能让你在社交晚宴上大出风头！在这个大家族中，最高的是松花江猛犸象（Mammuthus sungari），肩隆高度超过 5 米，相比之下，非洲象与长毛象只有 3 米左右。松花江猛犸象生活在约 30 万年前的亚洲中部，比尼安德特人存在的时间略早一点。在上一个冰河时期结束的时候，猛犸象由于失去了极其特殊的生活环境而灭绝。存活到最后时刻的一支是真猛犸象的后裔，它们变成了一个矮小的种族，生活在俄罗斯东北部的一个小岛上，最终在不到 4000 年前灭绝。既然我们说到了环境，就顺着这个话题说到底吧。在流行的形象中，猛犸象被刻画为一个巨物（这一点是错误的），其所处环境是一片白雪皑皑、几乎寸草不生的冰原。而事实证明，当时寒冷的环境是能够养活猛犸象的——它每天需要消耗约 200 千克植物，如果土壤真的永恒地埋于冰雪之下，哪里能找得到这么多小型植物呢？不可能呀。

　　其实，猛犸象生活的环境再合适不过，这是一片绵延欧亚大陆中部与南部的广袤土地——简直是天造地设，甚至可以冠上猛犸象之名，叫作猛犸象草原（mammoth steppe）。那里的标志性植被缺乏禾本植物，但包含许多草本植物、灌木和数种乔木。生活在那里的巨型动物中不乏大型食草动物。"猛犸象草原"是一个生机勃勃的地方，草木丰茂，动物成群。瞧，光是讨论其中的一个大家伙，就用完一整章的篇幅了……说到底，猛犸象并不是"巨兽"，但它在史前如此重要，值得我们大说特说。

粗暴而多毛，自私而愚蠢

克罗马侬人、穴居人、史前人、石器时代的人、尼安德特人，在日常用语中，这些词表达的有时是同一个宏大概念——我们上古时代的祖先。这层意思当然存在，不过不止于此。它们还可以用来形容远古人类的特点，总结起来就是"粗暴而残忍的傻瓜"，或者是其他类似的表达——对于愚蠢、粗鲁和野蛮，每个人都有自己的一套形容方式嘛。总而言之，一想到数千年前的先祖，这样的形象就会自然而然地在我们脑中浮现。

"粗暴"，没错，就是这个词。在那些落后、黑暗的时期，能在冲突中取胜的，唯有强者。他们缺乏纤细敏感的精神世界，也尚未发展出用于谈判的复杂而微妙的语言；"一锤定音"不是比喻，而是如实的动作描写。所以，史前人类在四处溜达时，总不忘在手里拿根棍子。社会关系就更糟

了：男性拽住女性的头发，在地上拖行；在各自首领的带领下，每个小分队都以杀光其他人为使命，人人都只顾自己。在史前时期，这便是生存的本质。

还有"愚蠢"，这一点也是确定无疑的。瞧瞧旧石器时代的那些技术，还有谁会认为他们是聪明人呢？名为制作工具，其实就是用石块互相敲打，最后的成果也不过是简单的切面或者尖头，都是小儿科的玩意儿。火已经标志着当时进步的巅峰了……你能想象吗？一些研究者称，哪怕是尼安德特人，也完全不知道如何生火，只会在意外火灾中收集火种。尽管那是只需摩擦两块干木头的末端，或者敲打两块燧石就能做到的事。总之，对他们来说，最重要的不是有头脑，而是有肌肉。要我说，史前人类就是彻头彻尾的野兽！

综上所述，暴力、自私和愚蠢，这三个词足以定义史前人类。他们和我们相比，过的日子可真是一个天上一个地下。

那么，问题来了：史前人类——不管是克罗马侬人、穴居人、石器时代的人，还是尼安德特人——果真都是野蛮、浑身是毛又自私无比的大笨蛋吗？

有哪些考古线索指向这一结论？如果并无证据，这样的负面印象又从何而来？下面，让我们开启一段全新的旅程，稍稍回顾一下科学史的前世今生。借着这个机会，我们不妨重新思索一下前人的形象，同时也反思下自己的形象。对人对己，我们真的做到完全客观了吗？

凡事都有个开头，我们就先从"迟钝的野蛮人"观念着手吧。虽说粗鲁的行为在动荡年代多少有些用处，但那个时代真的像我们以为的那般危险吗？在电影、漫画和我们根深蒂固的成见中，史前时期常常被打上"暴力"的标签，但这并非事实。有线索为证：首先，人类小规模集聚生活，广阔的世界任凭他们选择，要说非得为了领土争个你死我活，至少在那时候不太说得通。在同一时期、同一地点，知识交流与传播的证据反倒比比皆是。照理说，知识的持有者被屠杀殆尽，知识却流传下来，这样的可能性微乎其微。相比于杀戮，交流显然是更有风度的长久之计。其实，旧石器时代鲜少留下袭击的痕迹。当然也有一些非常特殊的案例，这一点毋庸置疑。于西班牙"白骨之坑"出土的那三十几副骨头，很有可能是在 40 万年前死于他人之手的。还是在西班牙，艾尔席卓恩遗址的十几个尼安德特人葬身在同伴的腹中。不过，在人类数百万年的历史中，这是绝无仅有的两个著名特例！我承认，史前生活的最后几千年确实有点每况愈下……但有史可稽的时代就更别提了。但在那之前，没有任何考古证据显示，频繁发生过战争和暴力冲突。

好，接着说体毛。我们先前已经解决了这个问题（见第 6 章），虽然说得不是特别清楚，但它和我们感兴趣的领域也没有太大关系。那么，让我们"快刀斩乱毛"，总结一下史前人类的体毛问题吧。为了解释"无毛态"（没错，真有这个词）出现的原因，人们提出了各种理论。我们身上的小寄生虫可能会对很多事情不高兴：气候变化、大陆迁移、生活方式的改变、服装的发明，等等。总之，在 100 万至 200 万年的时间里，四处晃悠的人类极有可能已经失去了体毛，即保持着某种程度的赤身裸体。我们之所以能想到（或者说想象出）史前人类浑身是毛的样子，那是因为我们先入为主地把他们和野兽联系在了一起。毕竟，猴子才长毛呢。

史前人类自私——你肯定没有料到，这是错误观念中最容易反驳的一个，可以依据的科学资料多得不得了。哈，终于轮到一个简单的了，这方面的例子我简直要多少有多少。其中最久远的一个例子要追溯到 180 多万年前，和欧亚大陆上最古老的化石之一有关。那是格鲁吉亚德玛尼西遗址出土的一具化石，其主人是一位上了年纪的长者，颅骨中的牙齿几乎掉光了。如果没有同伴的支持，很难想象他能活到这个岁数。还有一个差不多的例子：在圣沙拜尔出土的那位著名尼安德特老人，他的口腔健康状况奇差无比。更糟的是，在关节炎、髋部损伤、骨折等各种疾病的轮番侵扰下，他的脊柱和骨盆上也已经留下岁月的痕迹。这个老人肯定也受到了同时期其他人的帮助。在另一个尼安德特人"费拉西 1 号"的身上，有一处锁骨骨折已经完美愈合，皮肤表面甚至一点也没泄露这个秘密，只有借助内部成像技术才能看得出来。必然有人照顾这位伤者，也肯定有人帮他固定了骨头，他的痊愈显然不仅需要充足的休养时间，还需要别人伸出一点援手。我向你打包票，史前人类彼此间无私而友爱。

至于史前人类的愚蠢之名，就没那么容易澄清了。其实，和聪明一样，愚蠢也是相对的概念。我们没有任何客观理由认为，他们是彻头彻尾的大笨蛋。我有一个几乎无懈可击的论据——他们至少活下来了，不是吗？以此为证据，虽说薄弱了些，但也能说明他们没那么愚笨了。好了，还是严肃一点。人类思考、概念化和反思的能力从何时开始形成，是一件很难估计的事，因为这些都是难以量化的能力，也不会变成化石。标志性的时间点是工具的首次出现，还是人类走出非洲大陆？又或是最早的丧葬仪式、艺术的诞生？……人类逐渐表现出的复杂行为模式，毫无疑问和认知能力有关。以两面器为例，它的出现意味着，单凭一堆原材料，人类可以实现产品设计、使用方式预测和后续使用情况预估这一系列流程。这也说明，知识会在不同个体间传递，同时在代际间传承。事实上，"史前人类都是傻瓜"这个观念源自一种大众心理，科学家也不能免俗，从史前学诞生之初，这种声音就不绝于耳，一直流传到今天。只要是个"现代"人，哪怕他生活在 150 年前，都觉得自己比史前人类高出一筹，尤其是在聪明劲儿上。不过，这算不得什么，你认为呢？

击石取火

想在严苛的环境中生存下去，火是不可或缺的法宝。法国科幻鼻祖 J. H. 罗尼曾专门就这个话题写了本书，后来被让－雅克·阿诺改编成了电影①。按照 J. H. 罗尼所讲，史前各部落会为火而战。不过，没能从邻居家偷到火种也不要紧，自己生火就是了，这取决于你有多聪明。在这个方面，那些真人秀中的"冒牌鲁宾孙"总是让我失望透顶，他们煞有介事地说自己被扔在了荒岛上（实际上都是些天堂般的小岛），只是为了满足电视观众想要看人在陌生环境中吃苦头的欲望。由于打不出一丁点火星，他们在岛上不得不吃生米。我宣布："部落探险者联盟"特此将你们除名，此判决不可撤回，因为你们不配当旧石器时代人类的后代。

---

① 指电影《火之战》。——译者注

只要有石器时代的技术，生火对于每个人都是小菜一碟。你难道认为，那个时代也有打火机、火柴或汽油吗？想得美！原材料就是最触手可及的东西：石块。生火攻略如下：想要生一团美妙的火焰，请拿起两块燧石，尺寸不要太大，也不要太小，以刚好能用手握住为宜；等到需要生火的时候，用力地将两块燧石相互撞击；把产生的火星引至事先在附近准备好的易燃物上——点着了，火焰将一直燃烧，直到燃料耗尽。大功告成，轻而易举！

不过，仍有一个问题悬而未决：谁是第一个学会生火的人？一些远古的灼烧痕迹保存了下来，距今可能有百万年之久。早在50万年前，最古老的炉子就已经出现，但我们无从得知它们被点燃的方式。一些研究者认为，智人之前的人种全都不具备生火的能力，只能铤而走险，在大自然中收集火种。也就是说，尽管所有人种都需要那堆燃烧的荆棘，但只有我们现代人足够聪明，能亲手点燃神圣的火焰？

《火之战》是一个符号，它代表了一个传奇的故事、一部伟大的电影，甚至由我的一位朋友执笔，被改编成了漫画，他也给一本关于尼安德特人的杰作[①]画过插图——好吧，我光顾着给自己打广告，结果跑题了。《火之战》是部伟大的经典之作，但故事情节符合史前的实情吗？或者说，至少符合我们可以回溯的情况吗？当这部电影于1981年上映的时候，它号称体

---

① 指作者的另一本书《谁是尼安德特人？图解调查》（ *Qui était Néandertal ? L'enquête illustrée* ），插图作者是伊曼纽尔·胡迪耶。——译者注

现了最前沿的知识。我们不必纠结于这个说法的对错，毕竟作为故事基础的原著，距今已有100多年之久，同时别忘了，它是一部电影。在这里提到它，只是为了评述我们如何看待自己的祖先，以及祖先与火的关系。首先，让我们恭喜罗尼，他极富远见地把不同人种——尼安德特人、智人和直立人汇聚到了8万年前的同一个场景。这个预测实在太妙了，因为直到这些年，我们才知道这些人种很可能共存于那个时代。不过，这个故事还是落入了陷阱，给史前人类安上了一幅又暴力又野蛮的负面形象。你只需往前翻几页，就能看到我们对这个话题的讨论（见第22章）。当然，虚构的情节中也会埋下真实的伏线，但这场"火之战"有什么恰当的依据吗？我指的当然是科学依据。我可不敢冒昧评价导演的才能，更别提随意点评大作家的笔力了——写作这行并不轻松，对此我十分清楚。

人类最早的用火痕迹出现在140万年前。这些痕迹十分微弱。由于缺乏真正用来保持火焰燃烧的装置，用火痕迹在长时间内难以寻觅，饱受争议。第一个人工建造的炉子或许诞生在距今46.5万年前，在法国布列塔尼省梅尼－德勒冈遗址最古老的一层中被发现。另一个炉子出土于匈牙利的韦尔泰什瑟勒什，距今45万年。近40万年以来的其他炉子也相继被识别出来，层出不穷的考古发现证明，早在智人诞生之前，火的使用就已经在整个旧大陆传播开。在中国周口店直立人居住过的山洞里，古老的灼烧痕迹清晰可见。周口店遗址很好地解决了与火有关的争议之一：有人刻意为之吗？这里隐含着另一个问题：他们有能力生火吗？这两个问题分属不同类型，不能用同一种科学方法评估。对于前者，我们需要分析考古材料，判断那些痕迹对应的究竟是天然火源，还是人为带回的火种（无论它来自火灾、闪电还是神明相助）。后者则属于价值判断，我们无法给出答案。

我的整个童年，都是在法国动画片《从前有个人》（ Il était une fois l'Homme ）的陪伴下度过的。直到现在，我都记得其中一个片段。为了解释人类用火历史的开端，第一幕场景是如此呈现的：一棵树被闪电击中，燃烧了起来；一群人中的睿智长者走上前去，感受火焰的温度；后来，人们又从火中把肉"抢救"了出来，发现熟肉味道居然不错。于是，"取火"的意义就此明了。接着，时间一下子跳到了很久之后，先前"猴里猴气"的人摇身一变，成了和我们差不多的样子。他们敲击石块，无意中制造出了火星，并点燃了火。行了，生火成功！你或许也看过类似的故事，经过媒体的传播，它传达出的观点已经被大众熟知。画面虽简单，却已深深植入了我们的想象之中。哪怕是科学家，有时也会对它们不假思索地全盘接受。然而，是时候回归事实了。

火的使用大约在 40 万年前普及开来。通过什么方式呢？要我说，生火技术是通过人与人之间的交流和学习来传播的。而一位研究史前史的同事则认为，这个技术是在不同地区独立出现的。我觉得我说得在理，他对自己的判断也很有信心，但实情究竟如何，我俩其实都一无所知。我们也没有必要为此唇枪舌剑，因为不存在任何科学证据来判断谁输谁赢。可不幸的是，有些解读方式走向了极端。比如，一些研究者声称，尼安德特人没有生火的能力。按照他们的意思，尼安德特人只能在大自然中收集火种，这个活儿在天气温暖的时候尤其容易；但当严寒降临，尼安德特人反而不再用火，因为这时既没有火灾也没有闪电，他们就找不到火源了。这个理论建立在对两处地层的研究和众多推断之上。然而，由于气候不同，火在各个地方可能有不同的用处。在寒冷时节，人类没准会把炉子放到其他地方，比如，这两处遗址内尚未挖掘的区域。实际上，这些研究人员选取的都是符合自己理论的例子，许多地方（冰川地带最多）明明发现了炉子，却被排除在外！归根结底，依然是那个成见在作祟：尼安德特人太笨了，怎么可能会自己生火呢？瞧瞧，偏见的生命力是多么顽强啊。还是把动画片里面的观点抛诸脑后吧，请记住：从数十万年前开始，许多人种就已经学会了生火，比智人要早得多。

我想现在该解释怎么生火了。可是，写不下了，连放一幅严肃插图的地方也没有。我的编辑大概永远也不会同意我为它增加篇幅，他人很好，但从不拿这种事情开玩笑。你只需要知道，反正将两块燧石互相撞击可生不出火！

史前史——石器的进化史

　　每一本优秀的教科书都告诉我们，史前史按照文化划分为不同阶段。这不失为一种追踪人类进化过程的好方法。最初的工具都很原始，无非是草草砸断的石头，这正是人属的开端。接着，旧石器时代中期到来，你知道研究人员管那个年代的瑞士军刀叫什么吗？和它的"现代版"一样，那也是一个必不可少的多功能工具，耐用、坚固、朴素而实用，因为它不需要丝毫的技术变革。你不知道？真的不知道？它就是两面器啊！它拥有锋利的边缘，必要时可以吹毛断发，切断各种材料都不在话下。它的尖端是穿孔利器，圆圆的底部则匀称而稳定，便于手握和使用。在数十万年的时间里，人类一直在使用这种工具，它能实现所有功能，甚至无须改良或重造。实际上，制造工具的方式从来就只有一种：砸石头。生火也无非是拿起两块

燧石，用力让它们的末端相撞，然后观察结果。显然，随着新人种的出现，技术在不断进步，但其中的理念（虽然"理念"词义宽泛）始终保持不变。

幸好，我们智人出场了，改变也随之而来。在短短的时间内，各种进步层出不穷。技术不断迭代，每一次都伴随着全新智人群体的登场。新文化带来的革新，继而传遍各地。这就是旧石器时代晚期，它经历了著名的奥瑞纳文化、格拉维特文化、索留特累文化与马格德林文化。工具的打磨技术也开始多样化，硬度不一的材料都可以成为原料，由骨头制作的工具也被设计出来。然而，它们始终都只是（旧）石器时代的工艺！研磨燧石被史前人类奉为使命，但到了现在，还在和石头打交道的，只有砸石头的苦役犯和玩摇滚的"滚石"①。在数字时代，旧玩意儿没有未来！

在定义史前史的种种术语中，有一个词是"旧石器时代"（Paleolithic Age），它同时也是整个史前阶段最重要的时期——坦白讲，有谁真的在意新石器时代呢？这个词源自希腊语 palaios 和 lithos，前者表示"古老的"，后者意为"石头"，合在一起，意思一目了然。旧石器时代分为早期、中期和晚期（简单有效的划分，不是吗？），每个时期分别对应不同的文化。晚期又可以再细分为多个阶段，划分的依据仍然是砸石头的方式。其实，石器与史前的关系……是岩石，是山峰……是海峡……怎么说呢，是海峡吧？……是一座半岛！② 它就像

---

① 指英国滚石乐队（The Rolling Stones）。——译者注

② 这是法国剧作家埃德蒙·罗斯丹代表作《大鼻子情圣》（Cyrano de Bergerac）中的一句经典台词，原文为 "C'est un roc !... c'est un pic... c'est un cap ! Que dis-je, c'est un cap ?... c'est une péninsule !" 此处，作者借用这句话，通过层层递进的夸张，将情绪推向顶峰。——译者注

"大鼻子情圣"脸上的鼻子一样明显，同时又异常坚实。不过，是时候扪心自问了，这种文化上的划分从何而来，又意义何在。按照我们的理解，这些文化阶段在时间上是连续的，也就是说，文化是一个接一个相继出现的。这其中还暗含了一个观点，即人类的能力在不断提高，工具的设计也日益精良。然而，各个文化真的对应着不同的阶段与不同的人吗？它们真的普遍存在吗？多棒的问题呀，我简直要感谢自己提出这么好的问题。答案马上就来，你等着，我要火力全开了。

我们不妨从第一块石头说起。它年深日久，是迄今为止公认最古老的工具，有 330 万年的历史。旧石器时代早期一直持续到 30 万年前，打磨过的鹅卵石、手斧（一种略微复杂的斧形物）和两面器是这个时期的代表作品。也正是在这个时期的末尾，人类似乎掌握了燃烧的艺术，学会了生火。于是，作为人属的开端，南方古猿首先参与了这个阶段（尽管其下属所有物种可能并非都制造过工具），接着又轮到旧大陆的各个物种。这个过程无规律可循，各地也不是同步进行。比如，早在 150 万年前，非洲就已经发明了两面器，但直到 80 万年前，它才出现在亚洲，又于约 65 万年前在欧洲诞生。在欧洲，与旧石器时代中期对应的是尼安德特人与莫斯特文化。修型（进一步加工工具）技术不断进步，出现了刮刀、齿形器和其他刮具。勒瓦娄哇技法（Levallois）则由"剥胚"发展而来，通过修理石核表面以剥离预定的石片。这个时期相应的"非洲版本"是中石器时代（Middle Stone Age），命名虽无甚新意，但时代的缔造者可能是最后的直立人和早期智人，甚至还有其他人种。近东地区（可能也有亚洲）的情况让一切变得更为复杂：那里的现代人开启了莫斯特文化。显然，这个行为具有传染性。那么，把勒瓦娄哇技法传到这些地区的人，也是现代人吗？这是个尚无定论的问题。最后，还剩下旧石器时代晚期，奥瑞纳文化、格拉维特文化、索留特累文化、马格德林文化以及一些其他文化都被囊括在内。这些文化的标志性特征十分清晰，既有工具（史前史学家视之为标志物），也有全新的行为模式，甚至艺术风格也截然不同。但适用于欧洲，尤其是西欧的，未必就放之四海而皆准。在地球上的其他地方，这样的划分方式其实完全行不通。因此，依据工具对整个旧石器时代进行划分和再划分，可以有效地明确讨论对象。但若要回答开头的问题，我们就得明白，这些文化在空间和时间上都有重叠，不一定能从中确认那些"史前工匠"的身份。除此之外，工具的不断"升级"也并不取决于人种，真实情况要比这复杂得多。

好，这个问题告一段落，那我现在还要谈些什么呢？工具，仍然是工具，不过要以一种更有趣的方式来讨论。在史前时期，石块之所以拥有此等重要性，是因为它们能轻松地跨越长达千年的时间。也就是说，我们今天所看到的，并不是史前人类工具箱的全貌。不管是零星出土的长矛，还是在西班牙罗马尼山洞沉积层中一把造型优美的木刀留下的印记，都在告诉我们，史前人类显然也能用植物材料发明创造。记住：虽名为"旧石器"时代，可实际上不单只有石头！总之，要想搞清楚石头在当年的地位，就不得不还原那时的环境。工具的使用乃至制作不是人类的专利，因此人之所以成为人，不在于工具本身，而在于使用工具的方式。为了取食白蚁，黑猩猩也能找根木棍，把它打磨锋利，再剥去树皮；然而反过来，它不会改造捕食所用的石制工具；尽管它偶尔能把石头砸碎，但无法按步骤重复最早工具制造者的方法；同伴之间虽然也会互相传授知识，但这些知识从无创新。而人类从某个时刻开始，就已经将一切概念化。为了获取所需工具，他们选取原料，制定流程。今天，我们看到最古老的工具已经有上百万年的历史，性能也各不相同。与其纠结于它们的外形，不如搞明白每种石器的用途，这更让人兴奋不已。尽管对于今天的史前史学家来说，石器的重要性无与伦比，也别忘了，它们并不能为史前人类代劳一切！

史前语言

相比于其他鲜明的特质，张口说话令我们在万物生灵中独一无二。时至今日，能够以丰富的方式高效交流的动物独我们一种，遑论植物。言语造就了人类。但，我们又是什么时候走出无声世界，开始表达自我的呢？

所谓的"表达自我"，我指的当然不是野兽或史前原始人的哼哼唧唧、嗯嗯啊啊和咕咕哝哝，这些都算不得。人类应该口齿清晰，不含糊其词。要想实现这一点，特殊的生理结构不可或缺，不管是发出声音，还是接收并理解声音，都有赖于这些结构。首先，听力要好，不能和猴子一般水平，它们只能捕捉到树林间的啸叫和求救呼号（高频声音易于传播，却会让我们捂紧耳朵）。此外，一个强大的肺部和一个既能进气又能出气的喉咙也必不可少；同时，喉头位置要低，以获得更好的发声条件，从而发出

更多的元音；最后，还要有口腔、嘴唇和一条恰到好处的舌头——能够灵巧地调节音调就好，既别结结巴巴，也别喋喋不休。要想发出声音，讲清意思，这些特质一个都不能少。可惜，不是所有东西都能以化石的形式保存下来。但研究人员断言：像我们这样，颅腔底部、牙槽骨、颈部和喉头兼而有之的物种，只有智人，再无其他。千万别忘记这条发声链上还有最后一环——大脑。现代人同时还是发达顶叶、布罗卡氏区和韦尼克区的唯一拥有者，这些部位明确存在且结构完整，对语言表达至关重要。现在，结论出炉：比较解剖学表明，能像我们一样说话的，只有我们智人！那些史前题材的电影也提供了旁证：过去的人类只会嘟嘟哝哝，发出的声音谁都听不懂。

毫无疑问，人类会说话。虽然有时口出恶言，有时啰里啰唆，还经常言之无物，但人类确实是能说话的。正如我们听闻（"听闻"这个词有两层意思）的那样，只有人类能以这种方式交流。我们的有声语言是其他生物都不曾拥有过的。因而，我们制造的声音，确实只有我们既能听见（"听闻"的第一个意思），又能理解（"听闻"的第二个意思）。然而，将上面的论断理解为"交流是人类独有的行为"，这就大错特错了。翻开一本字典，查找"语言"一词，你会发现它的定义并不简单。第一条解释就将语言与我们直接联系了起来（嘿，又是人类中心论）——语言是人类的语言，这便是定义！语言包括话语、流行语、公文用语……我先前怎么说来着，人类要么言语粗鄙，要么喋喋不休，要么空话连篇。语言还与手语和动物语言有关，"用来表达意思、交流思想的工具""结构化符号系统"，这便是语言更宽泛的定义。

　　我不想逐一比较最后这种定义方式囊括的交流方式，也不会试着去评估它们的复杂性，那实在太困难了。传递讯息的信号和模式多种多样，声音、手势、姿势、颜色、化学物质、信息素、气味、肢体接触乃至电流，无穷无尽。我不知道蚂蚁、蜜蜂、海豚或大猩猩会互相"说"些什么，但显而易见的是，它们之间的信息交换可以发生于两方之间，也时常会涉及第三方；尽管是即时传讯也并不囿于此时此刻；虽然限于面对面的情形，但那也还会牵扯其他地点，甚至会引入不同事件之间的相关性。所以说，完全理解这一切，是一件极其困难的事。总之，交流并非人类专属，集体生活、使用工具和双足行走也都不是。不过我承认，至少在当下的世界中，我们的语言确实独一无二，因为它可以被有声地表达出来。更何况，除却独特性，我们的语言还在表达能力上翻了一倍。我们的语言在一定程度上可以将原本有限的音素组合为最小的音义结合体——语素，如果非要给它起个名字，我们不妨称之为"词"。

　　音构成词。这看似非常简单，实则内涵丰富。想要成功构词，需要汇集一整套先进工具，也正是出于这个原因，当我们研究史前人类的时候，词语无迹可循。有声语言的起源很难回溯，因为不管是声音本身，还是发声器官和接收器官（比如耳朵、舌头、口腔与大脑），全都不能形成化石；留存至今的痕迹都是难以解读的间接证据。颅骨、牙槽骨和舌骨等骨头化石在出土之后，被用来重建喉咙各部分的形状和位置。史前人类有别于现在的猿类，大体上应该与我们差不多，颅腔底部和实现听觉功能的骨骼内部结构都大致相同。后者指的并非外耳郭（就是平常被称为耳朵的部分），而是内耳，那里的耳蜗和听小骨能把声音转化成可被大脑解析的信号。然而，尽管表达和接收词语的器官早就各就各位，也不代表史前人类拥有有声语言，因为它的出现还得依赖于认知能力的发展。

　　由于每一位研究者都坚持自己的观点，任何关于有声语言起源的讨论，都注定充斥着各种意见。对于这个问题，我只介绍一种理论，它是我最喜欢的理论，我的研究成果也可以作为佐证。

　　想要开口说话，需要大脑具有特定的不对称性，其部分功能分区，比如布罗卡氏区，与语言表达能力有关。我测量了许多化石的相关结构，并将它们与猿类进行比较。结果表明，黑猩猩的大脑拥有和我们相同的不对称性，它的脑部虽然稍小一些，但与我们非常相像。利手现象，也就是右利手与左利手的分别，是共有的不对称性的另一个体现。此外，针对活人以及活猿的脑成像与行为研究工作显示，二者涉及手势交流和语言的大脑分区也是一样的。这是否意味着，从生活在千万年前的共同祖先开始，人类与猿类的大脑就已经具备了说话所需要的一切条件？可该如何确定呢？人类会说话，不是因为人脑"配置齐全"。根据我对考古材料的解读，史前人类很久以前就拥有复杂的交流方式，远远早于智人。

工具的制造、精巧无比的两面器、火的使用，尤其是种种具有象征性的行为——这许许多多的活动表明，知识与价值观在史前人类的代与代之间分享、传承。反过来，一些复杂行为又游离在日常之外，他们喜欢去追寻别处的生活和不一样的东西，比如埋葬死者和艺术创作——除了一饱眼福，艺术还有什么用呢？其中的困难，肯定超过连音造词。然而，他们既然已经在操心这种程度的事情，那么用语言将之讲述出来，不过小事一桩。这是一个循序渐进的过程，大脑指挥着日益灵巧的双手，与此同时，越来越多的音素组合构成了全新的语素。只是，人类说出第一个词语的确切时间，我们依然无从知晓。

入土为安：史前的丧葬

料理逝者——这件事把人和动物区别开来，猴子也不例外。除了同理心和同伴互助之外，我们人类又有一大专长。不管是何文化，无论有何信仰，"安葬"都至关重要，而且大家各有各的传统。人类修建墓地、堆砌金字塔、筑造泰姬陵，都是为了安置死者并致以敬意。老实说，这种事情，你真觉得史前人类能做到？我们会知道真相的。金字塔有多少年了？5000 年？那个时候，史前时期早就结束了……还有高卢的立石（menhir）和下面存放尸体的墓石，距离现在也没多远。看来，史前什么都没有，只是一片虚无。

纵观整个史前阶段，我们找不到丝毫纪念性建筑的痕迹——没有建筑物，没有墓碑，也没有任何形式的宗教符号。这些可以纪念死者的事物，通通都不存在。那么，他们都如何对待逝者？面对这个问题，最早的人亚

科成员和南方古猿不会有片刻迟疑。这些最古老人类的出土地点，要么是某个食肉动物的巢穴，要么就是某个洞穴或者河流的底部。显然，在那个年代，人们不会操心死人的遭遇。几乎所有人属成员都没逃离这样的命运，被发现的时候，他们差不多都只剩下残骨一块，孤零零地躺在某个无名之地。总之，除了可怜的死者本人，一次偶发的死亡事件不会影响到任何人。唯一让人困惑的是尼安德特人，他们有时候会把尸体带回来。不过，我们总可以为这样的行为找到合理的解释。尸体是在山洞附近发现的，这是因为他们死于洞顶的塌陷，更何况，有人还会被同伴吃掉——这倒是一种奇怪的"传承"方式。虽说这样一来，就把逝者的一部分保留在了自己体内，但其中有多少感情成分，我可真说不好。

这是一个集众多争议于一身的问题。若想知道史前人类是否拥有和死亡相关的习俗，讨论起来倒也容易；然而，假如这样的习俗确实存在，那么评估它们的意义却毫无办法。对于第一点，研究人员虽然各有各的意见，但毕竟每个人可以参考的考古遗址是一样的，解读的方式也大同小异。主要的分歧，其实在于每个人处理科学数据的方法不尽相同，想要赋予观察对象的意义往往也各有千秋。有时候，研究者会把自己的意愿加诸研究对象之上。这并不是批评，甚至不涉及任何价值判断，因为我们都会被潜意识左右，研究成果也难免沾染上个人色彩。在史前史的研究领域，"解读"从来都是一件微妙的事情——资料少得可怜，今昔对照的意义又不大，尤其是对于如"人与死亡"这般复杂的主题。总之，还是先去拜访一下前人吧，看看对于彼世，他们到底有何想象。

我们不妨从头开始，反正那也花不了多少时间。从最古老的人亚科到所有的南方古猿，无论是 700 万年前、500 万年前还是 300 万年前，我们讨论的这些事都还没有开始。时间宝贵，我们继续前进。对于 200 万年前到 100 万年前之间的能人与直立人，该说的也都说完了。我查找了这方面的所有相关文献，却都是白费功夫：没有一行严肃文字记录下他们可能如何对待死者。因为根本不存在这样的事，所以才无从谈起吗？说实话，对此我毫无头绪。出现这样的缺失，或许也与一个事实有关：对于史前行为的研究，没有人敢冒学界之大不韪，提出与现有理论相去甚远的假说。有点道理。我们有时会害怕走过头，却又渴望说得更多！然而，对已有理论不断进行所谓的"革命性颠覆"，是否是科学的使命？尽管时常有人声称自己做到了，但那大多不是事实。继续我们的史前游历吧，说不定有要事发生呢。

让我们严格遵照时间顺序，前往下一站：40 万年前。"白骨之坑"遗址出土了数以千计的骨头，对应着 30 多具混在一起的尸体。由于挖掘工作尚未完成，30 还不是精确的数字。令人震惊的是，这些尸体似乎都是被人转移到那里去的。没有人知道这件事是如何发生的，个中原因却有迹可循。看起来，这样的行为与仪式、象征或情感因素没有太大关系……谋杀，才是最有可能的解释——有骨头上的伤痕为证。那么，这是藏匿尸体、溜之大吉的方式吗？

时间接着翻页，跃至 30 万年前。

纳莱迪人（Homo naledi）是新近出土的人种化石，于 2016 年在南非被宣布发现。其发现者认为，这是第一个拥有死亡相关仪式的人种。挖掘工作随即展开，更多样本也随之出现。化石所在的地方极难进入，要想踏足其中，必须经过一条长达数百米的狭长地道，地道中有的地方极其狭窄，我永远都别想挤得过去。正是因为这样的通行难度，研究人员们认为，里面的人都是被刻意拖到此处的——障碍重重的路途证明了这一举动乃有意为之，因而非常重要。不过，这个论证仍然存在漏洞，比如，遗迹中没有留下任何火的痕迹。也就是说，当年的纳莱迪人在拖行尸体时没有使用指路的光源，而在那样的环境下，这是十分困难的。此外，没有任何考古证据表明这是刻意行为。况且，存在其他通道的可能性还没有完全被排除，毕竟，附近明显发生过多次塌方。没准有另外一条小径，通向另一个入口，若果真如此，要解释这么多尸体可就简单多了。

改变在 10 万年前到来。普遍认为，最早的坟墓就在那前后几千年间出现。显然，这是智人的杰作，却不是智人的专属。同样开始探索现世之彼岸的，还有尼安德特人。然而，一些研究者不愿意承认，古人类也具有复杂或象征性的行为，更何况，他们还是智人之外的其他人种。"尼安德特人墓葬说"最激烈的反对者把"那不可能"奉为宗旨，并努力寻找其他替代假说，哪怕它们错谬百出、毫无依据。可是，对于目前出土的骨骼化石而言，尼安德特人确实会埋葬部分死者——这就是最好的解释。我们或许永远都不会明白，这样的象征性举动对他们意味着什么。埋葬死者的行为并非贯穿尼安德特人的整个历史，即使在该行为出现之后，也并非所有死去的尼安德特人都能"入土为安"。但智人的情况也是如此。还是期待新的发现吧，到了那时，但愿我们可以巨细无遗地记录下全部细节，运用最先进的分析工具，最大限度地理解尼安德特人的墓葬传统。可以确定的是，埋葬同伴不是一件无足轻重的小事。它体现的是反思，是复杂的思考，是非物质世界的觉醒。当然，我们还不清楚那是否意味着某种对神明的信仰，或者对于死后来生的信念，但那确实表明了对于死者的特殊关注——这是一种有意识的、难以实现的复杂举动。毫无疑问，人类历史就此迎来了转折。

山洞里的史前艺术

对你而言，什么是艺术？若被问及这个问题，你或许会无言以对；如果说的是当代艺术，你恐怕更要哑口无言了，是不是？软塌塌的钟、空白的画布、空荡荡的房间、抽水马桶、全裸的男人……反正是一些注定会制造争议的物体。这种艺术虽不乏受众，批评者也大有人在。

史前艺术刚好相反，它能够一举俘获所有人的心！没有人会否认拉斯科洞穴的宏伟壮观，哪怕是其中最微不足道的画作。对，那个年代，一切都美丽绝伦，妙不可言。实际上，史前艺术分两种。一种名为可移动艺术（mobiliary art），因为它可以移动。灯、投矛器、维纳斯雕塑等物品都属此类，有的具有明显的实用性，有的则差一些，但每一个都造型优美。另一种被称为洞穴艺术，有时也称为石洞壁画或岩画。我们都在电视上和书

本里看过这类作品，它们代表艺术的开端与起源。若要列举这一类艺术的圣地，这几页纸怕是装不下：阿尔塔米拉洞穴、拉斯科洞穴、芬德歌姆岩洞、肖维岩洞、科斯奎洞穴……

不过，你认为史前艺术创作可以在户外进行吗？错了，山洞就是唯一的场所！是因为采光好、气氛佳？还是为了防止外界的危险，保持平和的心境？是出于材料的选择，因为岩壁是不可或缺的载体？还是有鉴于艺术的保存需要封闭的环境？或者，只是为了以最佳方式呈现那些作品？亲爱的奥利维耶，你是个才华横溢的插画师，考虑到所有可能性，你难道不觉得，那个时代的山洞就相当于今天你的艺术工作室？它得是一个让人愉悦的地方，条件优越，能任人挥洒自己的灵感，同时挡住外部的所有喧杂。那么，可否请你画一幅画，上面要有你旧石器时代的艺术界前辈——那个时代的造梦者，以及他的山洞，他的艺术大本营？

大家可能不知道，我们对史前艺术的了解，不说与事实相悖，至少也是不全面的。究其原因，拉斯科洞穴的"遗产"或许得负部分责任。那是一次无比重大的发现，具有不可思议的艺术价值，也正因如此，它才会给我们留下深刻而持久的印象。在我们心中，拉斯科就是代表史前艺术的一个"XXL"超大号标志，是一个藏在山洞里的圣坛。在那之后，许多洞穴又一再强化了这个想法，比如近年出土的肖维岩洞和科斯奎洞穴，它们的美妙也不遑多让。

人们复制了一批史前山洞，拉斯科多出了2、3、4号，肖维岩洞也有了个"孪生兄弟"，科斯奎的复制工作则仍在进行中。这样的复制好处多多，保护危险之中的遗产（比如拉斯科与科斯奎）是其中最主要的作用。甚至，它们还能以虚拟形式永恒地保存下去。另一重好处则在于，这样可以最大限度地展示史前艺术家的才华。比如，拉斯科洞穴中的某一个（数量太多，我不记得是哪一个了）就曾经在巴黎展览。在这些印象的反复叠加之下，"史前艺术在山洞里"的观念已经被我们内化为一种信念。我们不了解其他可能性，便认为史前艺术只有山洞里的这一种。然而，拉斯科的马与公牛画得虽好，却并不是史前艺术的全貌！

你听说过"岩石艺术"吗？这个词指代所有以岩石为载体的绘画、浮雕和雕塑。它拥有一个宽泛的定义：山洞中的创作是其组成部分之一，但有的作品诞生于山洞外的广阔天地，尤其是在露天环境中！考虑到图像比语言更有表现力，我将向大家展示最著名的那组"露天艺术"——你那么有好奇心，想来定会搜寻这个遗址的照片，欣赏它的无与伦比——这就是葡萄牙北部的科阿峡谷史前岩石艺术遗址，位列联合国教科文组织世界遗产名录。遗址曾经差点化为一片泽国，能保存至今堪称奇迹——当年，大坝建造在即，眼看整个地区都将被水淹没，岩雕的发现却逆转形势，反过来让大坝工程"泡了汤"。幸好如此，因为那里350多块石板上有着2000多幅作品，时间可以追溯到格拉维特文化、索留特累文化与马格德林文化。也就是说，它们在空气中暴露了几千年！如同你能在照片上看到的那样，这些岩雕大多刻画的是动物轮廓，总之棒极了。

现在，我要化身导游，推荐另一个目的地了——说真的，它一定会让你沉浸在雕刻作品的奇妙之中难以自拔。好了，调转方向，下一站：法国莱塞济-德-泰亚克，更确切一点，是白岬岩洞。一群马、三头野牛、一只羱羊，这组15 000年前的作品共同构成了长达15米的雕刻群。事先声明，我只是出于个人喜爱才给这个地方打广告，可没有拿任何门票回扣。它真的非常特别，同类雕刻在别处非常少见，岩壁也十分美丽。过去，这曾是个岩石洞穴，如今只剩下岩壁与天顶。史前人类呼吸着新鲜空气，享受着大好日光。随着时间的流逝，沉积层在岩壁上越积越厚，似乎为这个作品抵挡住了时间的侵蚀。之所以山洞外的艺术品如此稀有，其实很可能的一种解释是，它们只是更难穿越数千年的岁月保存下来，给我们一窥其貌的机会。

要有山洞艺术，首先得有山洞。这看似是一个不言自明的道理。在法国，山洞很多，其中许多都不乏艺术的点缀。但这其实是个特例——在那个被欧洲称为"旧石器时代晚期"的阶段，现代人居住的区域内这样的山洞并不多见。那是因为非洲和亚洲缺乏艺术吗？有些人如此猜测。在他们看来，艺术天赋仿佛是欧洲人才具有的东西；既然艺术和山洞难分彼此，而其他地方又没什么山洞……只需一个问题，便可以终结这个谜团：你知道最古老的山洞艺术在什么时候出现，又来自哪里吗？机灵的读者这时候就该嗅到陷阱的味道，对这个问题避而不答了；另一些见闻广博者，应该会想到肖维岩洞里的作品及其 33 000 年历史。不过，这个答案也不对。已知最古老的作品，是一个 39 000 年前的手印。手印的旁边，是一幅关于猪的绘画，比手印"年轻"几千岁。一头出现在洞穴艺术中的猪——好奇怪的组合！实际上，那不是猪，而是鹿豚的一种，被画在了印度尼西亚的廷普森山洞中，距离欧洲可路途遥远。

艺术具有全球性。同样重要的是，艺术无处不在！有什么理由认为，人类就对大地艺术（land art）一无所知呢？在尼安德特人生活过的区域，史前史学家发现了颜料，数量巨大，色彩丰富。尼安德特人似乎没在岩壁上留下涂涂画画的痕迹，但没准，他们曾经擅长树木作画或者人体作画。无论如何，那些颜料块的收集与使用都是数万年前的事。同样的颜料还出现在了现代人的生活遗址上，而且到处都有。

还是谦逊点吧，切不可自以为了解史前艺术的一切。我们对前人的成就知之甚少，所以还得继续优化方法，练就能够辨认所有蛛丝马迹的火眼金睛，哪怕当那些作品来到我们面前时，材质已经腐坏，颜色已经消失，所有常规痕迹都难以找寻。我们为什么不在研究中保持开放的心态呢？当代艺术有时能带来意料之外的惊喜，它的"史前版"完全有可能也是如此！

壁画的奥义

从我们知道史前艺术存在的那一天起，这个领域的泰斗们就已经破译了它的秘密。你听说过法国考古学家阿贝·步日耶、安德烈·勒鲁瓦－古朗和让·科罗特[1]的大名吗？史前艺术的真正奥义在他们面前无所遁形。现代艺术的要义在于唯美，远古的艺术则以仪式、神秘或宗教为目的。它是私密的，是一小撮精英人士的特权。

在步日耶看来，山洞中的动物形象充满魔力，能够在之后的狩猎中助人类一臂之力。把未来的猎物描绘出来，在它的画像前冥想、祈福，能保佑人类永不空手而回。

———————————————

① 这三位均为法国考古学家，是研究洞穴艺术的权威。——译者注

勒罗伊·古汉则认为，任何事的发生都必有原因。艺术并非混乱的堆积，山洞在整体上表现出一种结构感：入口处和洞穴深处的石壁上均刻有雕像，而这些与众不同的石壁遵循特定的顺序，把各种形象主次分明地呈现出来。没有哪根线条是随意刻画的，一切都有其存在的意义。其实，最重要的信息藏在了一组对立的雕刻之中：野牛和原牛位于一边，另一边的马和它们分庭抗礼。这种基本的二元性反映的是男性与女性之间的关系。可以说，史前艺术是对世界起源的隐喻，正如库尔贝在自己的同名画作①中表现的那样：性无处不在。

最后，史前艺术还有一种解读方式——萨满论②。这是近年来最受追捧的理论，让·科罗特这位大师级拥趸激情四溢的阐释，更是让它风头无两。他指出，只在地下进行艺术创作乃人们刻意为之，目的是把游荡在平行世界里的动物形象重合在一起。那些作品中从未出现过土地，也没有记录过任何自然环境。它们是幻像的再现，是迷幻之旅的缩影。

你现在该明白了，史前艺术是有内涵的——虽然具体是哪一种，还没有人知道。不过，理论这么多，肯定有一个是对的！

何为艺术？这是个宏大的母题，由它衍生出的问题几乎每年都在法国中学毕业会考的哲学考试中占据一席之地——经本人亲自验证，此话不虚。以这样的方式，艺术和所有人都发

---

① 古斯塔夫·库尔贝（1819—1877），法国画家，现实主义画派的创始人。此处指他的代表作之一《世界的起源》，画面内容为女性的阴部。——译者注
② 萨满信仰是一种泛灵论，认为天地万物都有沟通的可能。——译者注

生了联系。艺术之所以如此重要，是因为它是构成人类的要素之一。构思艺术、完成艺术、欣赏艺术、评论艺术，这些全是其他动物闻所未闻的消遣。史前时期的艺术开端难以考据，最早的"艺术家"或许也属于其他人种。但可以肯定的是，那个被我们称为"史前艺术"的东西，那些由我们的智人祖先在好几千年前创作的小雕像、浮雕和绘画，完全配得上艺术之名。这些靠狩猎和采集为生的人，缔造了奥瑞纳文化、格拉维特文化、索留特累文化和马格德林文化，他们就是无可否认的艺术家——至少某些人这么认为。因此，科学家会试图解读他们的作品，也是意料之中的事了。

若想贪图省事，我可以用一种简单的方法论证，为什么解读史前作品的尝试注定徒劳无功。我们不妨先谈谈当代艺术，或者至少找个历史没那么悠久的艺术。你能告诉我，白色方框、软塌塌的钟或者一个不是烟斗的烟斗①分别是什么意思吗？艺术家本人当然清楚它们的内涵，专家借助创作规则、行业惯例，没准也能说个八九不离十，"门外汉"肯定更差一些……而我，通常一无所知。不过，即使它们的确意有所指，也是因为有人讲述出来，直接证明了作品拥有内涵。反观我们的"史前艺术家"，他们没有留下只言片语的解释，所描绘的场景并非完全写实，而是变化与恒常的结合体。正因如此，它们始终让我们不得其解。这样的说法听起来合情合理，并将作为结论贯穿本章的始末。但尝试本身还是很有趣的，更何况，能在不同的解释性假说中徜徉，岂不快哉。

艺术是狩猎的准备工作——这种观点挺说得通。史前人类能准确描绘附近动物的形象，说明他们对于动物的生理结构有着惊人的了解。然而，山洞中的形象有时既不与周边动物一致，也不与常见猎物吻合。虽然这并不能排除艺术与狩猎之间可能存在联系，但至少，狩猎不是艺术的唯一理由。

现在，我们将面对另一个显著的事实：每一个史前山洞内部确实都有结构。对于洞内雕

---

① 指比利时超现实主义画家雷尼·马格利特的作品《图像的背叛：这不是烟斗》。——译者注

像，通过清点数目、描述细节、测量大小和推演位置，科学家能够得到越来越多的数字，并对它们加以解读。不过，这些解释能精确反映艺术家创作时的理念与目标吗？你想知道我的真实想法？你确定吗？我有一些同事专门研究这个方向，他们以解读史前艺术为使命，每天闷头忙碌，取得了不错的进展。这样做可以"了解"发生的事情，固然很重要，但我怀疑真正的"理解"是否存在。我们不能判断，单个山洞里的全部作品是个人所为还是集体创作；考虑到前人的寿命长度，我们也无从知晓它们是不是同一代人的作品。那些承载着艺术的"画布"（更确切地说是岩壁）随时间不断变化，它们在作品诞生之初处于什么状态，我们依然不得而知；它们或许只见证了一位艺术家的耕耘，或许见证了很多人的持续努力，才呈现为我们看到的模样。这就对"理解"构成了很大的阻碍。还有"结构论"的核心，一组所谓的对立——野牛与原牛象征女性，种马则代表男性。可是要知道，不同地区、不同文化阶段、甚至同时代不同山洞的史前艺术都不一样，塑造出来的动物形象并非总是如出一辙，比例也有高有低。既然涉及性，其中的许多细微差异与区别均非简单的二分法可以概括的。在旧石器时代版的"艺术名录"上，阴道和阴茎的形象也赫然在列，想来并不是非要借助野牛或马来隐晦地表达。更让人头痛的是，猛犸象、昆虫和海豹的画像也可以用同一种方式解读——真够可以的。

最后，轮到"萨满论"接受检验了。是不是又要一下子转个大弯，颠覆我们对于那些千年之久、跨越大陆的艺术行为的既有认知？当然是。但是，既然这个理论风头正热，我们还是回忆一下亲身经历，然后打消在迷幻状态下创作艺术的念头吧。大家不妨在记忆中好好搜索一番：在幽暗的角落里，那些兴致高昂的时刻，你觉得自己厉害极了，聪明又敏捷；你涂涂画画，放声高歌……水平堪比最喜欢的艺术家。但从始至终，你一直处于一种——怎么说呢，晕晕乎乎、喝醉了似的状态。第二天早晨，终于清醒过来的你，会如何评价自己在前一天的"才华横溢"呢？那么，不妨套用一下均变论的概念：你真的认为肖维岩洞或者拉斯科洞穴里的创作都是精神类"药物"的产物吗？这点有待验证。另一个问题在于，即使艺术家状态良好，他制作出如此精良的作品，只为给某个因滥用暴力而已经去往平行世界的老兄看一眼，真的有这样做的必要吗？这一点也仍待验证。这倒是个十分美妙的研究课题："论药物作用下对岩石艺术的理解与赏析"。不过，能不能拉到赞助，可就不一定了。

为了能稍微严肃一点地结束话题，我不得不提醒一句，洞穴艺术是"欧洲特产"，但史前艺术还有其他形式，也多多少少留到了现在。我们也慢慢了解到，女人和小孩是可以进入山洞的，洞里的作品也有他们的功劳。由此可知，史前艺术或许没那么私密，甚至还有可能就是所有人日常生活的一部分。与其百般努力地试图理解而不能，不如安心欣赏，可好？

长久以来，地球上唯一的人类

人类的历史悠久漫长，众多物种你方唱罢我登场。从长得与猴子没两样的，到差不多和我们一样的，什么都有。他们之中，有的存在了数千年时间，有的跨越了数千千米，足迹遍布各地。而真正能顶住岁月变迁，一直活到今天，还征服了每一片大陆的，显然只有我们——绝无仅有、独一无二、无与伦比的智人，当之无愧的世界之王。瞧我们的！

要知道，这可不是什么微不足道的小事，而是了不起的冒险。很久以前，智人从非洲的偏僻一隅出发，朝着各个方向进发，不断进化，不断适应环境。但对于那些在各地勉强维持生活的"低等远古人种"而言，我们的这场胜利行军敲响的却是他们灭亡的丧钟。瞬息之间，智人就占领了一切。非洲的罗德西亚人和匠人已经完全销声匿迹；智人出现以前，他们尚

且在研究者的话题中占有一席之地；但自从有了智人，智人就成为唯一的焦点，他们不再被人谈起。

首战告捷，我们智人继续向亚洲前进，接着又去往欧洲。随着我们的到来，直立人也遭遇了相同的命运——"阿布拉卡达布拉"，咒语声毕，他们也消失无踪。同样的劫难再次落到弗洛勒斯人头上，在倭型剑齿象的陪伴下，他们本来在迷失的小岛上过着平静的生活。然而，在智人眼中，不管是人类还是动物，小岛上的一切都只是易于得手的猎物。欧洲是旅途的最后一站，在那里，智人的目标是驱逐有幸（或者说不幸更合适）与我们共存的最后人种。安息吧，尼安德特人，让我们向最后消失的这位表兄致意。

这场"大清洗"转瞬间就已落幕，剩下的事情无非是称霸整个地球。智人去往澳大利亚，在克里斯托弗·哥伦布之前就已抵达美洲，还有太平洋岛屿、山地、北极、沙漠甚至海底，任何一个角落都休想逃过我们的掌控。我早就告诉你了：智人成为无可非议的世界之王，只花了一眨眼的工夫！

智人，世界之王。这句话说起来容易，可想做到名副其实，就得成为万物的主宰，而智人远未达到那个高度。比如，从数量上看，你在花园里舀一勺土，里面就有超过 100 个生物——你千万别想不开，为此出动除草剂或其他有毒产品。把范围放大到整个花园（如果你只有阳台，也可以利用花架），你会发现，我们在数量上没有任何优势。若是考虑重量，情况也没好到哪里去。蚯蚓占据了地球生物量的 80%，也就是说，它们的总重量相当于包括人类在内的所有其他生物的 4 倍。这样看来，蚯蚓才是世界之王，毕竟，它们无处不在，而且贯穿过去、现在和未来。

言归正传，这个小学水平的自然科学报告只是为了让你多一点敬畏之心，就算人类消失了，地球上也依然有生命！好了，再说说我们的过去吧，这一次，让我们实事求是，看看到底智人为什么不是地球上长久以来的唯一人类。我们不妨从严格的数学角度来看待这个问题，因为不管在时间上的独立性还是相关性，都能借助数字来描述。

大约 3 万年，这是智人并不算长的"独处"时光。这个数之所以是约数，是因为物种消失的时间无法确定，哪怕这个物种属于人类也不行。对于一个物种而言，化石固然是其存在于特定时间段的证据；但要是没有化石，也不足以否认任何事情。测年法的局限性，加上研究者总想搞个大新闻的心理，也使得时间难以测定——出于后两个原因，对最后一位尼安德特人生存的年代也只能知其大概。"3 万年"正是这么得到的，几千年的误差，并不妨事。人亚科诞生至今已有 700 万年，而智人也已生活了 20 多万年，3 万年不过是一个零头，其误差想必更加微不足道了。

至少 5 个。这是 5 万年前的人种数量，而且还持续了一段时间，是不是没想到？迄今为止，智人已经存在了 20 多万年，时间虽然漫长，但我们远远称不上"唯一"。直立人在大约 200 万年前已经出现，直到数万年前才从印度尼西亚消失——鉴于那时候化石少得可怜，其他地方也可能存在直立人。弗洛勒斯人就生活在不远之外，是直立人的邻居，那时也常常造访东南亚的岛屿。他们诞生于 80 万年前，大约在 5 万年前迎来了命运的转折。在更西边的地方，和智人同时代的尼安德特人从 40 万年前活到了约 3 万年前。最后，别忘了还有丹尼索瓦人，尽管我们对他们知之甚少。由于化石太少，我们无法窥探他们的生理结构，因而到现在还不知道丹尼索瓦人的模样。不过，遗传学显示，他们确实是区别于已知所有人种的全新物种。

0 个。这只是顺口一提，好趁机谈谈我们的冤屈，洗刷一个莫须有的罪名。确切无疑，亡于智人之手的人种为 0 个。不管对方是直立人、弗洛勒斯人，还是尼安德特人或丹尼索瓦人，没有丝毫证据显示他们的灭绝与我们智人有关。说智人屠杀、谋害了他们，完全是查无实据。我们其实无法确定，是不是智人敲响了他们命运的丧钟。反倒有一点可以肯定：在消失之前，他们曾与智人共度许多美好的时光。实际上，这个秘密就藏在接下来的数字里。悬念即将揭晓！

0.03，或者3%。这个数虽小，却内涵丰富——它是我们体内来自尼安德特人的平均基因比例。这还不是全部！我们反过来又给尼安德特人"送"了一点儿基因。和我们交换过基因的，还有丹尼索瓦人，以及另一个在我们基因库中留下痕迹的"古老人种"——说不定是直立人，鉴于他们化石的基因测序始终没能成功，我们也只能猜一猜。

古人类遗传学正在全速发展，每当有新出土的古老标本显露自己最深处的秘密时，一个又一个"史前爱情故事"在我们面前徐徐展开。显然，基因所在，欢乐多多。这意味着一种异乎寻常的状况：基因在不同人种之间流转。既然说到了这些自然科学的基本概念，那我就要毫不犹豫地摧毁中学课堂灌输给你们的信念了。我们曾经学到，所谓物种，就是一群可以繁衍后代且后代也具有繁殖能力的个体。可是，事实并非如此简单。事先声明，没有哪个生物学家能让小组里的动物样本全部两两交配，以保证其基因的相容性。现在的许多物种其实都是根据形态特征来分类的，比如鸟类要按照大小或羽毛颜色，昆虫按照性器官的形状……古人类学家拿着小块颅骨，干的也是同样的事。属于不同物种的动物是可以繁衍后代的，生下来的小家伙也具有繁殖能力。北极熊和灰熊就是一例，某些食肉动物，甚至不同属的灵长类也是如此，比如狮尾狒和东非狒狒——它们在500万年前就走上了全然不同的进化之路。人类亦同理，正是因为某些杂交行为，相似度超过99.8%的智人与尼安德特人才有了那著名的3%的基因交换。一些物种在解剖学意义上可以区分，但也发生了杂交现象，有时还会混到一起。这样的事情已经发生了，因为人类后期的进化呈丛状，这些物种来不及在基因上彼此切割得一清二楚。这只是极少的特例，不过也说明，在这个星球上，我们还不算太孤独。

脑袋越大，人越聪明？

这一点显而易见：脑袋里得有点东西，才算得上聪明！归根结底，人类的进化就是一场神经元间的赛跑。神经元朝着更富人性、更爱思考、更具高智识能力的方向跑出的每一小步，都得益于大脑灰质和一个日益充盈的颅骨。经历了一个漫长过程后，我们人类——至少是我——才终于得到了一个好使的头颅。

起初，人之所以成为人，依靠的是我们第一个显著特征——双足行走。但那想必没怎么影响大脑的性能，大脑最多只是发出了一条指令："站起来，走吧。"证据就是，图迈的脑子和黑猩猩一般大，智力与猴子相当。之后的南方古猿表现稍好一些，开始砸石头制造原始工具，头颅也更丰满。直到人属出现，才迎来真正的飞跃。接下来，一环套一环，回路终于

打通。脑容量越变越大，人类也越来越聪明。复杂的工具相继出现，比如两面器，火也随之登场。大脑进入了迅猛发展的阶段，因为有了火，人们就能把肉烧熟，吃上更优质的食物，而这将诱使猎人们提高狩猎技能，改善生活条件，脑部也会更加发达。这是个良性循环，如此往复，几乎永不停歇，多美妙呀！后来，人类愈发聪明了——无论是日益繁复的工具和行为举止，还是容积越来越大的颅骨，都可以为之证明。

终极武器就是我们，以及我们如此硕大而厉害的大脑。在脑容量这件事上，智人完全有资本自夸。正是凭借这样的大脑，智人拥有了前所未有的知识，实现了前所未有的创造，突破了人类的极限。

首先，容我倾诉一下工作中的忧伤：我一直没法做自己最感兴趣的课题。事实上，史前人类的身体中，最难研究的部分就是大脑。想要找到一个那样的大脑无异于痴人说梦，因为软组织根本不能保存下来。而这就必然给我的科学事业带来了些许困难……可面对这个苦差事，我又该怎么办呢？选择古人类神经学作为专业本身就是个怪透了的主意——最佳研究对象早就不存在了！你或许要问："那你为什么还要坚持呢？"这是因为，有一个小小的魔术能让我们最喜欢的史前人类的脑髓重见天日，让我无比兴奋。"阿布拉卡达布拉"，我要揭示一个藏在颅骨化石中的大脑的秘密了！好吧，其实这不是真正的魔术，所以我也一点不后悔漏了底，反正科学上也总有这样的把戏。和魔术师的不同之处在于，我的工作只是告诉你一切是如何运作的——没有兔子，也不需要穿着紧身晚礼服的女助手，仅靠各种知识，我就能让你赞叹不已。不过也挺遗憾，毕竟兔子那么可爱。

　　我的小把戏就是，大脑有时会恰好压在颅骨的内部，并于一生中不断地在内表面留下痕迹。对于数百万年前的人类，这件事成立；对于你、我乃至所有人，这件事同样成立。在生命的初始阶段，大脑及其四周颅骨处于生长加速期，这个现象尤其明显。那些痕迹层层叠叠，留在成年人的颅骨上，如同一个魔术盒，记录下了大脑发育的高峰时段。因此，每当化石出土，只要浇铸它的内表面，就能重建颅内模，也就是大脑外表面的模型。如此一来，研究人员不仅能得到大脑的整体形状，还能看到其中的小小沟壑，后者代表的正是大脑叶的延伸和大脑的其他区域。那儿藏着小小的奇迹，储存着无数的信息。训练有素的人只要稍看一眼，就有可能分辨出大脑的许多细节，但大多数史前人类学家看不出来。细节的清晰程度因个体而异，因为每个人大脑的形状和沟壑并不完全相同，更何况，它们还跨越了漫长的时间——对于化石而言，这总是一大难题，而且那个年代一切都是纯天然出品，没有防腐剂。总之，我说了这么多，就是想说明：我设法研究大脑额叶、顶叶和枕叶的各个分区，无法讨论人亚科成员大脑皮层的演变。历史并不似我们听到的有些版本那样，呈一条简单的直线，而且近年来，人们也知晓了不少关于大脑功能的意想不到的秘密。一切还得从史前人类的颅骨说起。

　　在过去 700 万年间，人亚科的脑容量即便有所增加，也不像通常所说的那样，成规律性变化。那个过程中有峰值，有明显的加速，当然，也有三番五次的例外，但这也符合规律。让我们重新思考一下颅骨容量的变化。直观起见，我们不妨参考下熟悉的东西，拿不同的饮料容器做个比较。欢迎光临进化主题“小酒馆”，这一轮，我请客。

　　作为人类一族的滥觞，图迈的颅内体积约为 350 毫升，刚过 1/3 升。这比一个易拉罐稍大一些，至于里头装什么饮料，则任君选择了。这也比现代黑猩猩的平均脑容量略小一些。由于缺少化石，我们无法知道所有古人类和现代黑猩猩的共同祖先的大脑大小如何；但一个符合逻辑的推测是，它应当比图迈的小，也比现代人最亲近的表亲黑猩猩的小。这说明，黑猩猩的大脑不是老古董，它也历经了进化，和我们那位遥远先祖的脑袋完全不是一回事。搞明白了这一点，我们不妨继续探讨南方古猿。他们数量众多，“旗下”约有 12 个物种，也横亘了很长的时间跨度。如果我们要给他的大脑定下唯一的数值，那将是 500 毫升，也就是半升。红葡萄酒、桃红葡萄酒、白葡萄酒……你想装什么都行，大约能装 4 杯。能人的脑容量稍大一些，约为 600 毫升，比南方古猿多出一小杯。但这只是近似值，是基于群体大数据的平均值，某些南方古猿的颅骨就比后来最早的人属成员还大。

脑容量确实会增大，但十分有限。况且，那不是什么革命性的变化："大脑卢比孔[①]"并不存在。在人们长期的设想中，"大脑卢比孔"标志着人亚科的早期成员中分化出了"真正的人类"——至少出现了最早的人属。在第 11 章中，我们已经讨论过这个问题，当时的科学家们认为，人属、工具和大脑是三个密不可分的概念，可实际情况远要复杂得多。在直立人所处的时代，脑容量确实有所增加。广义上的直立人存在了几乎两百万年，是第一个足迹遍布整个旧大陆的物种，其平均脑容量达到 1000 毫升左右。好，我们终于可以以"升"为单位了！"升"是一个重要的度量单位，脑容量实现这一突破，各种全新的行为也随之出现。再次提醒：直立人内部的脑容量差异非常大，小至 600 毫升，大至 1300 毫升，但大体上高于此前人类的观测值。两面器的诞生和火的使用都离不开设计与复杂规划的能力。最后，最大的人脑属于尼安德特人，平均体积可达 1600 毫升——这比一大瓶水或者香槟还多！至于生活在旧石器时代的那些早期智人，他们的颅内空间则要稍小一些，约为 1500 毫升。只是，随着时间的推移，大脑越变越小，等到了我们现代智人，平均体积只剩下 1350 毫升了，比 3 万年的那一大瓶少了一杯之多。

这可是个双重大新闻！首先，我们的大脑竟然不是最大的，居然败在了尼安德特人的手下；其次，过去几千年间，我们的大脑甚至还萎缩了。所以，脑容量并非是连续增加的。

我在一开始就说过，脑容量虽总体呈现变大态势，但例外时有发生。其中，最著名的那

---

① 指古生物学中确定古生物种类别的最低脑容量，苏格兰人类学家亚瑟·基斯爵士（1866—1955）将人属的最小脑容量设定为 750 毫升。卢比孔河原是意大利北部的一条河流，古罗马共和国时期曾有"不得带兵过卢比孔河"的禁忌，最终被凯撒打破。——译者注

桩意外发生在弗洛勒斯人身上，他们存在了数十万年，在 5 万年前灭绝，只留下了一具足够完整的化石，其脑容量是 430 毫升。由于与他同时代的其他化石缺失了颅骨，因此只能根据骨架的其他部分估算得出这个数据——他们体型相仿，因而头部应该相差无几。纳莱迪人则是另一个特例，他们生活在大约 30 万年前，脑容量却达到 500 毫升至 600 毫升。这是一个奇妙的反差，足以体现进化是多么的难以预测。

还有一个重要问题亟待讨论：大脑尺寸与智力水平之间到底有没有相关性？在人类进化的尺度上，这样的联系或许是存在的：从南方古猿到智人或尼安德特人，从最初的工具到后来的拉斯科洞穴壁画，颅内空间的增大与认知水平的提高息息相关。这个说法在总体上是正确的，但若审视细节，比较不同物种或者一个物种的几个个体，情况就必然复杂得多。请记住这一点。精确到现代人，大脑尺寸与智力水平之间的相关性又是什么呢？

为了加深印象，我们不妨用实例说话。有位研究者利用美军的数据库，比较了上万个样本，以可靠的方式观察到一个结果：黑人的大脑比白人小。全世界都知道，不同人种的脑容量是有区别的。那位研究者还用科学的方法"证明"，黑人的智商测试成绩也比白人的差。由此，他得出"无可辩驳的结论"：智力与脑容量有关。但是，那些数据虽确实有效，分析方法却有失偏颇，也正因如此，我们必须在科学上保持批判性。这些黑人样本只包含年轻人，他们没上过学，出身贫寒；白人样本则由更为年长者构成，他们个个有军衔，全都来自富裕家庭。也就是说，结果展现的并不是脑容量和智商的相关性，而是生活条件及教育背景与智商的关系。

因此，我们这个物种，不仅个体脑容量存在巨大差异，从 1000 毫升到 2000 毫升不等，而且男女之间、人种之间也有区别——平均而言，女性的大脑小于男性的，非洲人的小于欧洲人的，而欧洲人的又小于亚洲人的……这些差异说明，脑容量与智商之间的关系纯属巧合。最终证明，大脑的大小并不决定一切——幸亏如此啊！

进化链的顶端

"进化"一词意义重大，含义丰富。所谓进化，是指适应、改善，或者生物复杂性的增加。进化还意味着只有最好的才能延续，最强的才能遗传给后代，要么适应，要么灭亡。这，就是进化的方向。

说到复杂化，只要看看进化树就一目了然——数百万年进化的点点滴滴都在那儿记着呢。简单来说，生命始于细胞，然后细菌出现了，植物出现了，接着真菌和动物也出现了。动物组的各位成员按照鱼类、两栖动物、爬行动物和哺乳动物的顺序依次出场。这是一条没有终点的链条，因为即使是在哺乳动物内部，也细分为更多类别，从开始的啮齿类动物、有蹄类动物、食肉类动物，到后来的灵长类动物。灵长类动物中有猴子，也有人类。而人类也可以再分为多个物种，从图迈到南方古猿，再到我们最

谣言！

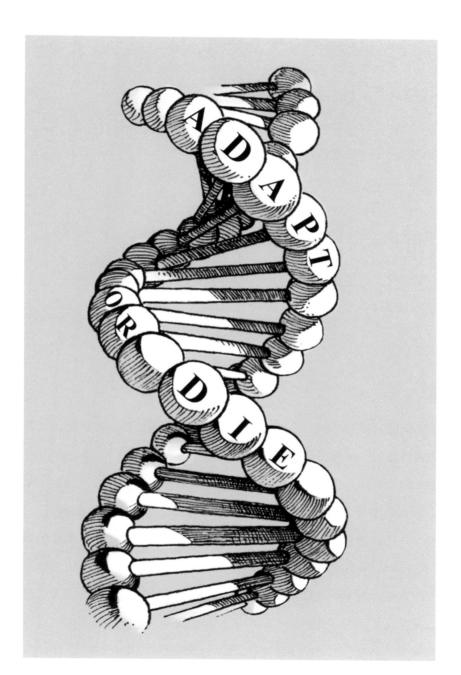

近的表亲尼安德特人，最后的最后，显然还有我们现代人——由此可一览人类内部的分类。生物学说得明明白白：智人是最复杂的生物，几百万年连续进化的终极成果，就是我们这一物种。

一切的原因，唯"适者生存"四字。从达尔文时代到让人筋疲力尽的都市生活，都是同一套老生常谈：要么适应，要么灭亡！（如上页图中所写。）需要提醒你那意味着什么吗？生活从来都是残酷无比的斗争，只有最强者才能幸存。这条通向"更好"的比赛没有终点，生物随环境改变，至少，最强者如此。正因如此，自从地球上出现生命，一切都在变得越来越复杂。就这样，一步一步，我们诞生了。这是一场由量变引发的质变，人类就是不断适应的最终结果，他们高高在上，位于生物界的顶端！

人类站在进化链的顶端？言下之意，进化似乎存在不同的级别和程度，这种程度还是可量化的、有方向可循的……可，真是这样吗？

在回答这个问题之前，我们不如先找点乐子。人类想成为胜利者，就得在某个领域打遍天下无敌手。可这压根没戏。现代人根本谈不上有多杰出，我们不是最高的，不是最大的，也不是最壮的……无论数量还是质量，我们都无法和蚯蚓相提并论（人类是怎么被蚯蚓比下去的，详见第 29 章）。我们甚至不是"最大大脑"的拥有者——抹香鲸的大脑比我们的大脑大 5 倍！你或许会说："抹香鲸比我们大那么多呢！"而我要回答：那真是万幸。但即使考虑到比例，人脑也没什么了不起。我们的大脑占体重的十四分之一，而麻雀的大脑占体重的十二分之一，可有谁会认为麻雀的大脑相对更大呢？让我们继续翻看这本"完败纪录大全"。人类最长寿命只有 100 岁左右，而蛤蜊能活到 507 岁，海绵更是寿延千年。我们不是跑得最快的，也不是跳得最远的。从遗传学角度看，我们 98% 的 DNA 都与黑猩猩一致，与香蕉也共享 50% 的相同基因；我们和史前人类的差异更是小到可以忽略不计。在数量上，我们有 46 条染色体，黑猩猩有 48 条，红金鱼有 100 条。无论按照哪条生物学标准，我们都谈不上出类拔萃。这本书读到现在，你们也已经注意到，在认知能力上，现代人和前人相差无几。有时，我们在"犯傻"上很倒确实有一套，除此之外，人类远远不似期望中那般高高在上。

借此机会，我还想彻底终结一个相关话题。我们总想着给一切事物贴上标签，可现代人也不过是生物进化的阶段之一。根据出身、肤色、生理及心理性别、语言、文化加以分类，这种做法没有任何科学性，而是令人遗憾地走上了"人类中心论"的歧途，有百害而无一利。

要么适应，要么死亡，这种进化观是时候该变一变了。正如你即将看到的，适应不是终点，但死亡必是归途——就算死的时候能稍微变聪明点儿，也难逃一死。

首先，由于抱有"生物复杂性在不断增加"这一观念，人们不禁会想，进化是一个遵循某种方向、有始有终的过程，而人类正是一切的终点。有些人对此深信不疑，觉得进化既然已被限定，那么它就是一个可预测的事件。有人曾经提出过定义生命结构的数学定律，认为只要有了突变比例、谱系历史和演进关系，所有已经发生和即将到来的突变就一清二楚。如此一来，人类便能知晓 80 万年后的自己将如何蜕变——真遗憾，我们没机会参与那一切了。然而，这些人失败了——这么说或许有所冒犯，但我认为，他们的表述不甚严谨，使用的方法未经验证，缺乏说服力。这种努力注定徒劳无功，正如我即将写到的那样，进化无法预测，充满变数。不过，错误的想法也有延展的空间，我们仍可借助它进行下一步论证……它应当有点意义，"背后"或许蕴含着一些东西。我采用"背后"这样的模糊词汇乃有意为之，毕竟，决定论的拥趸们就是借此大做文章的。谁是主导者？他做了什么？以何种方式做的？只要回避这几个问题，决定论的那一套就不会被定性为创造论。我们之中的一部分人，甚至包括研究进化论的学者，都相信着他们愿意相信的东西，这本来无可厚非。但我想请大家重读

第 2 章——创造论是一种信仰，进化论才是科学。在这件事上，不管是哪家的神明，都没帮上什么忙。进化没有方向。

下一步，让我们朝"全面适应论"和"强者幸存论"发起攻击吧。为此，我想借用 20 世纪最伟大的科学家之一史蒂芬·杰·古尔德的论证。在其著作《生命的壮阔》中，他十分高明地质疑了"进化意味着复杂"这一观点的绝对性。细菌久而有之，无处不在，在数量上位列生物界第一。有一种逻辑认为，由于物种数量不断增加，才出现了植物、真菌及动物等"少数派"，而这样的多样化只涉及一小部分生命，它们是瞬息即逝且微不足道的副产品。确切地说，"进步"是"不适应者"的出路，为了生存，这些倒霉蛋们只能改变。如果采用这个观点，结论就变了。正如古尔德所言："细菌一直是生命成功的范式。"这样的反向论证也可能招致批评：细菌是进化的巅峰，这合理吗？

其中的荒谬之处在于，这些人都认为进化意味着改良和进步。这是不对的，进化没有方向，也并不表示有一个"更好"的等在"没那么好"的后面。将进化理解为变异才更合理。一切都取决于偶然！适应是进化的主要动力，它通过随机选择性状来实现改变。保留下来的性状未必有用，活下来的也未必就是最适应的——它们只不过是运气最好的！既然进化没有方向，那进化的程度更无从谈起。在特定的时刻，所有生物都是符合环境要求的。在这一点上，无论是现代人，还是过去的人类，抑或海参（我有权提名海参）和细菌，大家都进化得差不多。总而言之，别对这个排名挑三拣四了，人类之所以存在，全靠撞了大运！

史前的终结，就是……

谁知道"史前"终结在哪一刻呢？我们虽然大体了解了史前时代的模样，但一旦深究起它的终点，问题就又立刻复杂了起来。史前时代何时终结？问得好！现实点吧，我可不认为那是某个家伙在一天早晨突发奇想，决定给历史翻页的结果。没有人为后世着想，记下准确日期；又或者，就是因为没人在日历上记下来，那个时刻被完完全全地错过了。既然缺少清晰的记录，那就得扩大目标范围——没准，引发转变的不是单一事件，而是一连串变化。刚好，我有很多想法供你参考。其中有些想法只为逗乐，但更多的是我的得意之作。鉴于答案无法确定，我们不妨列出一些可能的时刻，多种选择，任君取用！

史前时代的终结，就是……

－智人出现，或者智人遍布全球；

－我们成为地球上的唯一人种；

－艺术的开端，我们从那一刻进入了新纪元——美的纪元；

－石器的诞生，那想必是个生机勃勃的时刻，大家都要学会磨去自己

　的一些棱角；

－发明了会转的东西——轮子；

－新石器时代，毕竟，名字里就写着"新"嘛；

－畜牧业的出现，猎人们集体"失业"；

－农业迅速发展，采摘者的活计也到了头；

－金属器时代，意味着石器时代的结束；

－大洪水淹没一切；

－古罗马或古希腊的开端，又或是金字塔的建造；

－公元元年，反正也得有个开始，不如选个具有象征意义的日子；

－不然，还有些虽然不太明确但仍相当有趣的日子：爷爷的青年岁月、

　1968 年 5 月 [①]、互联网的诞生、手机还是稀罕物的时候、20 世纪 80

　年代的某个 9 月 5 日、平板电脑问世的那天……

　　开什么玩笑，明明每个人都知道史前时代是在何时结束的，不是吗？哈，我注意到有些人似乎面露迟疑之色，不敢出声。不过，正确答案就在你们眼皮底下，找一找吧，它明明那

---

① 指"五月风暴"，是发生在 1968 年春天法国的一场学生运动。——译者注

么明显。不对，答案不是古人类学的开端，研究者们才不都是与研究对象擦肩而过却不自知的老顽固呢！不过，这样的人我认识几位，他们固执己见，始终坚持以 20 世纪 70 年代的那一套理论来讲述史前史。最好的做法就是把他们抛诸脑后。答案呼之欲出：标志着史前时代终结的就是……文字的诞生。是不是有些不可思议？

文字的发明可以追溯到 5500 多年前，稍后我们还将谈到这一点。我们识别出了一些远古时期留下的文字痕迹，但那未必就能准确表明这个大发明诞生的时间和地点。更何况在那个时候，写字和不写字的都大有人在。我们同样无法确定的，是文字传遍整个地球的时间。人们在这个问题上争论不休，也有人提出异议，认为这件事既非同步发生，也非无处不在。换言之，文字并非于同一时间出现在世界各地。

但说到底，为什么非得选文字呢？难道就没有全人类共通且发生于同一时间的事件吗？好好找找吧，这不是一件容易的差事。在那遥远的过去，150 万年前，两面器在非洲出现；80 万年前，亚洲也出现了它的身影；65 万年前，欧洲又有了它的踪迹……至于两面器在美洲的历史，我怀疑和这片大陆被殖民的经历有关。火的情况也与之相似。即使是这些最重大的史前事件，也不能像预期那样构成"恰到好处"的转变。不过，咱们还是努力从一大堆备选事件中，找到那个标志着史前文明终结的关键点吧……智人先是在一个地区出现，然后开始了旷日持久的四处迁徙。其他人种以相同的方式诞生，却走向了相反的终点，在多个时间点上各自灭绝。艺术和轮子并非立刻传遍世界，农业和畜牧业也有着不同的起源和发展历程——这些都不行。那么，把时间拉近一些，我们还有哪些备选的标志性事件呢？并非所有人都会以"大洪水"或耶稣诞生作为时间参考。美索不达米亚文明或古埃及文明的出现也绝非所有地球人眼中的重大事件，谁知道那时候的巴塔哥尼亚人或澳大利亚人都作何感想呢？

至于 20 世纪的所有"小事"，尽管在年轻人看来仿佛也属于遥远的史前时代，却依然不是我们想要的答案。因此，那些拒绝承认文字标志着史前文明终结的意见恐怕不太公允。文字使人类能以一种全新的方式记录知识，同时也提供了一种前所未有的信息来源（在某种意义上，信息得到了亲历者的认证），供后人理解过去。光是这一点就已经很不错了。说到底，讲述美妙故事的最佳方式，不正是文字吗？

好了，还是严肃点儿，得为我的观点拿出真凭实据了。古埃及和美索不达米亚平原的居民是文字的先驱之一。生活在美索不达米亚平原之上的苏美尔人是已知最早使用文字的，大约公元前 3600 年，他们就发明了著名的楔形文字。在古埃及，那尔迈调色板上最古老的铭文是用同样大名鼎鼎的象形文字写就的，时间可追溯到公元前 3200 年。然而，这些只是我们知识库存中的最早事件，以后说不定还会有更远古的发现。至于文字是如何演变的，后来出现了什么，又是如何传播的，我在此就不赘述了。（当然是因为写不下了，才不是因为我没法清楚阐释这个话题呢！）然而，有一个实用的术语我不得不提：原史。这个词在创造之初，用来指代那些不会写字，但出现在他人文字中的人。在世界各地，这类人比比皆是。比如，在 19 世纪仍靠狩猎和采集为生，且不使用文字的人同样会被视为处于"原史时代"。但这么说，无疑有些夸张了。我不知道，既然如今有人单凭踢足球或上电视就能成为"明星"，那么"原史"一词是否可以用来形容今天的"文盲们"呢……顺便一提，与那些自以为聪明的人所讲的不同，法国当下的文盲率可创下了历史新低呢。

嗯，你现在知道史前时代是如何结束的了，这意味着，这本书也即将迎来终章。不过，关于这里探讨的话题，还有一个疑问始终折磨着我——说"折磨"或许言重，但史前时代确实还有上百个特征未及描述，最后的结论也尚未给出。是的，我们找到了史前时代的终点，但你是否问过自己：史前时代又是何时开始的呢？在思考这个问题时，我的思绪又回到了那些关于史前巨兽的书上——恐龙是其中的主角。然而，史前史大体上还是与人类相关。因此，根据目前所知，我们认为它开始于 700 万年前——那是图迈存在的年岁。至于再之前发生的一切，我们还是不知道如何命名。但鉴于这个问题和本书的主题无关，就允许我含糊一次吧！还请你继续翻动书页到最后一章，领略人类进化的科学幻想。

33

未来人类之（不可能的）
模样大揭秘

聊够了过去，该说说未来了，尤其是我们最感兴趣的人类未来。其实，今天的人类可能并没有完全适应环境，我们没准还会继续进化，变得更好、更美丽呢！科学家、心理学家、医生、作家、记者……动不动就将功夫花在思考这件事上，可谓费尽思量。那么，大脑灰质火力全开，我们能得到什么结论呢？

人类的头会变大，这将是第一个明显变化。自打人类出现，大脑就一直走在越来越发达的路上，态势良好，没有理由现在停下。接下来，不妨把目光向下移，看看身体的其他部分。眼睛也将变得更大，因为我们看屏幕的时间越来越多。牙齿倒是会变少，智齿则会彻底出局——我们只吃柔软的食物，它们终将百无一用。由于衣服的保暖性能越来越好，居住的环

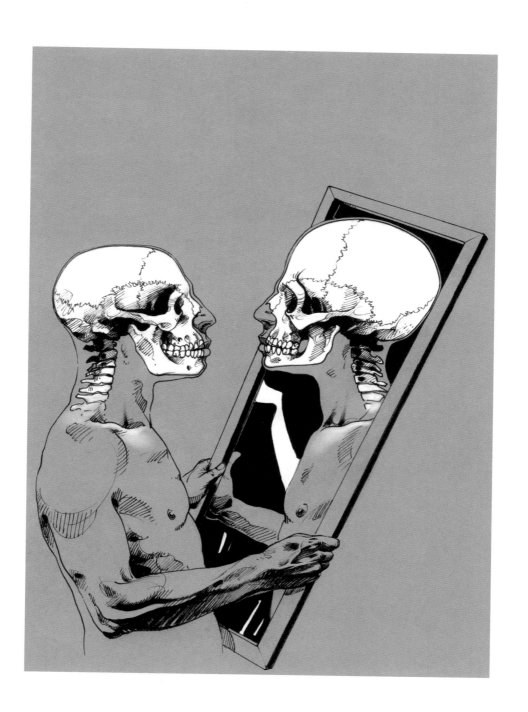

境也愈发独立，我们的毛发显然也将日渐稀疏。胳膊倒是会变长，方便我们抓取远处的物品。为了适应对新科技产品的沉迷，我们的拇指会实现"超进化"，变得异常灵巧；腿却会略微缩短，因为活动十分有限。我们还可能稍稍发福，毕竟运动量小了，而且摄入了过量且不均衡的食物。最后，我们将摆脱那个滑稽而无用的附件——小趾！我们的脚穿在鞋子里，实际上不再需要这些小玩意儿：它们"旁逸斜出"，撞到桌角时别提有多疼了。我们后代的"全身像"大体如此。

最后，随着基因技术的进步，我们或许终于能够"定制"小孩了。请为我的孩子开启美丽、智慧的设置，然后就是见证奇迹的时刻！不过，为何多此一举？难道我没有那样的基因吗？

你无法想象，多少次，我站在记者的话筒前遭受这样的拷问："未来人类什么样？""您能不能说说，人类接下来朝什么方向进化？""您那么了解过去，也描述一下未来的人类吧！"记者们通常一本正经，情真意切地期待我能向他们透露机密，总之，就是那些藏在科学里、和人类未来相关的巨大秘密。有一次，甚至有人连环发问，要我设想环境剧变后的一连串场景："想象一下，若是地球被水淹没，人类会如何变化？会手脚长蹼、耳后生鳃吗？还有几个猜想：如果气候变得极其寒冷，太阳光照减少，人类会变得高大强壮、肤色苍白吗？为了看东西，他们会拥有更大的眼睛吗？更进一步，若人类在太空居住，身体会变小、变灵活，四肢却更为修长吗？"

这些事件是否真会上演，显然并不重要。其实，地球是不可能被水淹没的，除非我们能在某个卫星上找到巨大的水资源储备，并将它们通通运回地球。若是能发明一种"生水技术"没准也行，但原料用什么？呃，我可就不知道了。至于超级冰河期，倒是确有可能发生。简单来说，其原因可能是行星轨道的改变，可能是太阳活动的剧烈减弱，也可能是某种完全不现实的地理工程学实验。最后，人类凭借某种新科技在宇宙间遨游数代，甚至发生进化，这种可能性和世界上完全消除饥饿的可能性相差无几。总之，那些问题多是异想天开，却永远不会消失。我们不妨回到先前提到的那些特征——很多人都相信那就是未来人类的模样——并看一看它们是否可信。

我们不会给后代留下一个硕大的脑袋。就在第30章，你就该明白，相比于数万年前的智人，现代人类的大脑是"缩小版"。大脑容量的增加并不是人类进化的必然结果，而是一种总体的规律。其原因在于，颅骨的内部体积似乎只与每个物种的头部大小有关。尼安德特人的头曾经是不断变大的，可我们智人的头部近来却有萎缩的迹象了。我知道你在想什么——都怪互联网和无聊的电视节目嘛！你可能还在怀念那些"回不去的美好过往"，那时，人们还能在学校里学到真正有用的东西。不过，接下来你就会发现，这些都不是导致头变小的罪魁祸首。我也不想在拉丁语和计算机语言教学是否有用的问题上发表长篇大论。总之，硕大的脑袋不见了，但这是一件好事，因为大脑袋可能会造成分娩困难。

有人相信，由于盯着屏幕、摆弄手机和平板电脑，人类的眼睛会变大，拇指也会更强壮、更灵活。这幅肖像中通常还得加上短腿和长胳膊——人类不再动弹，出行全靠交通工具，必将胖成一个球；小短腿派不上用场，长长的胳膊却能省去起身的麻烦，一切"手到擒来"。差点忘了，人们还觉得没用的小趾也会消失，不过主要不是因为穿鞋（虽然也有这个原因），而是因为我们不再走路了。可实际上，屏幕看得太多可能仅会影响视力，最终，没准还会让我们变得不那么机灵。你会成为"拇指达人"，灵活得超出想象，一举打破《糖果传奇》和《超级马里奥兄弟》的游戏纪录，但那绝不可能改变你的身体形态，影响后代则更是天方夜谭。同理，人类也会保留所有的小指（趾），要想手脚并用数到20，它们必不可少。

在这个大千世界，某个东西即使看起来无用，也不是非得消失不可，只有那些妨碍繁衍后代的特征，才不会遗传下去。而截至目前，有几根小指（趾）还不是衡量生育能力的主要标准，不过，未来会不会朝着这个方向发展，谁又说得准呢？实际上，择偶标准确实会对遗传特征和相关基因产生些许影响，但只有当文化压力足够大时，才会发生生物学上的变化。比如，吃东西的口味和肤色都还停留在个人喜好的层面。至于有些人"胖成球"，那是因为我们对自己有些放纵了。体重指数的确失控了，富裕国家如此，其他国家亦然——这是全球性的疾病。和过去相比，21世纪的人类饮食不够均衡，生活也更为轻松。可是，即使我们的行为会体现在生理特征上，也不会影响到遗传给下一代的基因。因此，人类的胳膊不会变长，臂展也不会变大。不过，还是给孩子做个榜样吧。就像那句俗语说的那样，管住嘴（吃健康、适量的食物），迈开腿，一切就会大不同。

还有什么来着？对了，毛发！我记得这本书里谈了体毛，但你真的只对这个感兴趣吗？穿衣服不妨碍体毛的生长。唯一会影响体毛的，是我们对它们的态度，取决于我们是否想要把毛刮个干净。有谁能预料，年轻男性会在何时为了追逐潮流，再次纷纷留起络腮胡呢？太有创意了！作为一个不读时尚杂志的人，我很难预测明年春天又会有什么新格调。没准，八字胡就要回归了呢。

作为压轴，我还想谈谈一个老掉牙的经典误解，来补全我们的未来人类肖像。部分人群尤其受到这个问题的困扰。放心吧，我们已经解决了多毛和超重的问题，剩下的都不足为惧。不管怎么样，这没什么好羞耻的，但由于它经常会带来疼痛，因此问题也不容小觑。它被视为人类进化、适应环境的证据，总被人挂在嘴边，念叨来念叨去。它就是智齿。有人说：智齿注定要消失，很快就会在人的身体上绝迹。在提倡"旧石器饮食法"的人看来，智齿之所以消失，是因为我们不再吃坚硬的东西，而是满足于柔软的食物；一些牙医则认为，原因在于现代人在婴儿时期只吃糊状物。可实际上，智齿是我们的第三臼齿，其数量在进化过程中不断减少的说法并没有数据支持。现代人的智齿数量不一，而数百万年来所有其他人类成员也都有智齿。它甚至是哺乳动物的"默认设置"。但不可否认的是，相比于史前的智人，现代人的智齿数量确实变少了。原因何在？先前我解释过，现代智人的头部更小，也更脆弱，面部同理，因而装不下那么多智齿。我们的下颚过于狭小，智齿艰难地从中挤出来的时候，就会带来麻烦；若是连那么点空间也没有，它们就干脆不会出现。但原则上，我们没有理由抹杀它们的存在。你可以告诉牙医，这是你最喜欢的史前人类学家说的！你大可想吃什么就吃什么，那完全不会影响智齿的发育。

对于未来，还有一种畅想。由于基因技术的进步，像定制汽车一样"定制"孩子正向我们招手。想象一下，有朝一日你会说出这样的话："我想要个更高点儿的孩子，他得聪明、健康，有美丽的眼睛。"如果每一个家长都尽力让孩子拥有自己缺少的特质，那将来想要对着一个婴儿赞叹地说出那句著名的谎言——"他（她）和你长得多像呀！"——可就更难了。好了，严肃点儿。基于多种原因，在技术层面上，我们距离那样的"选择"还很遥远。要"定制"某个具体的特征，我们得识别所有的相关基因，并在不影响其他基因的前提下选中它们，而这几乎是不可能完成的任务。另一个巨大的限制在于，人们呈现出的模样不仅取决于基因，也取决于他一生中所处的环境。比如，我们可以检测出致病倾向，却说不准人是否会真的生病。还有一点也很重要，很多国家有着完备的生物伦理法规，会随着科学发展和社会思潮的变化不断调整。因此，生命的奥秘将完好无损，宝宝也始终是有待发掘的惊喜。幸好，他们都很可爱。

啊，结束了。这不仅是一章的终结，也是整本书的尾声。停笔在即，我却还没有回过神来。这儿也放不下一幅小小的插图了，只能勉强容我再写下几行字。

现在，你已经知悉了不少史前的秘密；你可以轻松打破成见，凭借渊博的知识成为晚会上耀眼的明星。我致力于传递颠扑不破的生物学知识，它们道法自然，没有胡乱的诠释，能对抗大部分所谓"质疑一切"的宣言。因此，这本书很有用，并将在很长时间里一直有用，我希望它也兼具趣味性。最后，我大概也只能再道声"再见"吧，因为谁知道未来会是什么样呢？

人名对照表

玛丽亚　Maria
米歇尔·布鲁内　Michel Brunet
莎士比亚　Shakespeare
伊夫·柯本斯　Yves Coppens

20

雅克·普雷韦尔　Jacques Prévert

23

J. H. 罗尼　J. H Rosny aîné
让－雅克·阿诺　Jean-Jacques Annaud
伊曼纽尔·胡迪耶　Emmaunel Roudier
约瑟夫·亨利　Jeseph Henri

24

埃德蒙·罗斯丹　Edmond Rostand

28

阿贝·步日耶　Abbé Breuil
安德烈·勒鲁瓦－古朗　André Leroi-Gourhan
库尔贝　Courbet
让·科罗特　Jean Clottes

29

克里斯托弗·哥伦布　Christophe Colomb

31

史蒂芬·杰·古尔德　Stephen Jay Goul